Firmensitz 9b

In zehn Schritten
zur Schülerfirma

Impressum

Herausgeberin
Deutsche Kinder- und Jugendstiftung gemeinnützige GmbH, Berlin

Redaktionsteam
Überarbeitung und Erweiterung 2014: Katharina Abramowicz, Norbert Bothe, Thomas Evers, Romy Posmik, Diana Redner, Ellen Wallraff
Produktion und Templates: Frauke Langhorst

Satz & Layout
die königskinder, Berlin

Druck
Spreedruck, Berlin

Lektorat
Fabian Kreß

Fotos
© Danny Ibovnik, Deutsche Kinder- und Jugendstiftung

Weitere Informationen zum Thema erhalten Sie im Internet unter
www.fachnetzwerk.net

© Deutsche Kinder- und Jugendstiftung, Berlin 2014
 Tempelhofer Ufer 11, 10963 Berlin
 www.dkjs.de

Dritte, überarbeitete Auflage, 2014
ISBN 978-3-940898-38-8

Inhalt

Einleitung 9

Schritt 1: Der Anfang 12

Von der guten Idee zur eigenen Firma 14
Das Gründungsteam 14
Verbündete suchen 15
Die Schülerfirma im Schulalltag 16
Checkliste 18

Schritt 2: Die Geschäftsidee 20

Ideen sammeln und prüfen 22
Kunden finden 22
Kooperation statt Konkurrenz 23
Geschäftsräume suchen 23
Der Name zur Idee 23
Checkliste 25

Schritt 3: Der rechtliche Rahmen 26

Anerkennung als Schulprojekt 28
Klärung der Trägerschaft 28
Schülerfirmen und Steuern 30
Ein eigenes Konto 31
Verträge unterschreiben 31
Was ihr noch bedenken müsst 32
Checkliste 34

Schritt 4: Der Firmenaufbau   36

Die Firmenstruktur festlegen   38
Die Organisation in den Abteilungen   40
Die Wahl der Unternehmensform   43
Checkliste   45

Schritt 5: Das Team   46

Mitbestimmen erwünscht   48
Ein Team aus unterschiedlichen Klassenstufen   48
Stress im Team   49
Unbeliebte Aufgaben   49
Checkliste   51

Schritt 6: Das Produkt   52

Produkte und Dienstleistungen   54
Preise kalkulieren   54
Den Verkauf organisieren   55
Checkliste   57

Schritt 7: Werbung & Marketing   58

Das Kommunikationsdesign   60
Ein gutes Logo   60
Richtig werben   61
Werbematerialien   61
Pressearbeit   62
Checkliste   64

Schritt 8: Die Finanzen   66

Die Buchhaltung   68
Ausgaben und Einnahmen   68
Alles ablegen   69
Geschäftsbericht zum Jahresabschluss   70
Die Gewinnverwendung   70
Checkliste   72

Schritt 9: Kooperationspartner   74

Gründe für Kooperation   76
Die richtigen Partner finden   76
Erste Schritte   77
Checkliste   79

Schritt 10: Nach der Gründung   80

Weiterbildung   82
Nachfolger finden   82
Zertifikate   83
Ehemalige   83
Checkliste   85

Erfolgsfaktoren   86

Wichtiges für die Gründung   88
Wichtiges für die Weiterführung   88
Schülerfirmen und reale Unternehmen   89
Rechtliches, Vorschriften und Versicherung   89
Schülerfirma und Schule   90
Fortbildung, Beratung und Austausch   90

Lexikon
Das ABC der Schülerfirmen   91

Arbeitshilfen   **98**
Kooperationsvereinbarung zur Gründung von Schülerfirmen   99
Gesamtübersicht Unternehmensformen   102
Gesellschaftervertrag für die Schüler-GmbH   104
Satzung für die Gründung einer Schüler-AG   107
Mustersatzung für Schüler-Genossenschaft   111
Lebensmittelhygieneblatt   115
Tipps für die Pressearbeit   118
Kooperationsvereinbarung mit Partner   120
Muster Kassenbuch   123

Links   124

Adressen   126

Das Fachnetzwerk   130

Einleitung

Liebe Schülerinnen, liebe Schüler,

gemeinsam eine Geschäftsidee austüfteln, daran arbeiten und sehen – sie funktioniert. Etwas anbieten, etwas verkaufen, mit Schülern und Schülerinnen aus anderen Klassen im Team arbeiten, mit echten Unternehmen kooperieren. Wissen und Erfahrungen an Jüngere weitergeben. Begeistert sein, Erfolg haben, bekannt werden. All das könnt ihr in einer Schülerfirma erleben.

Dieses Buch soll euch helfen, Schritt für Schritt in die Welt der Unternehmensgründung einzutauchen. Ihr erfahrt alles, was ihr wissen müsst, von den ersten Gesprächen mit Lehrern, Lehrerinnen und der Schulleitung über die zündende Geschäftsidee bis hin zum florierenden Betrieb. Dabei muss es ja nicht immer um den Gewinn gehen, sondern z. B. auch darum, wie Produkte umweltfreundlich hergestellt werden können oder wie ihr euch mit eurer Schülerfirma sozial engagieren könnt. Ihr könnt euch also einbringen und Verantwortung übernehmen. Und am Ende wisst ihr nicht nur mehr über eure Interessen, Fähigkeiten und Talente, sondern wisst auch mehr darüber, wie Wirtschaft eigentlich funktioniert.

Seit ihrer Gründung 1994 unterstützt die Deutsche Kinder- und Jugendstiftung (DKJS) die Schülerfirmenarbeit durch Koordination, Qualifikation und Begleitung. Seit 1996 hat sie dabei die

Heinz Nixdorf Stiftung als verlässlichen Förderer an ihrer Seite.
In den vielen Jahren des Engagements ist daraus das Fachnetzwerk Schülerfirmen hervorgegangen. In diesem Netzwerk sind die
regionalen Schülerfirmenberaterinnen und -berater der Deutschen
Kinder- und Jugendstiftung und ihrer regionalen Partner zusam-
mengeschlossen. Gemeinsam entwickelt das Fachnetzwerk die
Schülerfirmenarbeit immer weiter, achtet auf Qualität und steht
euch mit Rat und Tat zur Seite.

Das Ergebnis unserer Arbeit zeigt sich auch in dieser Broschüre: Ihr haltet die dritte, überarbeitete und erweiterte Auflage
in Händen. Zurzeit findet ihr uns in den sechs Bundesländern
Berlin, Brandenburg, Sachsen-Anhalt, Mecklenburg-Vorpommern,
Sachsen und Thüringen, wo wir bereits über 500 Schülerfirmen
begleiten. Wir sind eure Ansprechpartner vor Ort und unterstützen
euch beim Aufbau eures Unternehmens, unabhängig von der Art
der Schule, die ihr besucht. Wir stellen Kontakt her zu anderen
Schülerfirmen und Wirtschaftsbetrieben, organisieren Schülerfirmenmessen und bieten Fortbildungen zur Qualifizierung eures
Teams an. Je nach Bundesland könnt ihr zudem eine Anschubfinanzierung oder Projektmittel für besondere Entwicklungsschritte
beantragen. Nehmt einfach Kontakt zu uns auf. Die Adressen
unserer Koordinierungs- und Beratungsstellen findet ihr am Ende
dieser Broschüre.

Wie ist die Broschüre aufgebaut?
Jedes Kapitel beschäftigt sich mit einem Thema.
Dabei möchten wir euch durch kleine Geschichten von bereits
erfolgreichen Schülerfirmen ermutigen. Schülerinnen und Schüler, Lehrkräfte und Projektbegleiter erzählen darin von ihren
Erfahrungen. Jedes Kapitel schließt mit einer Checkliste, die kurz
und knapp die wichtigsten Punkte zusammenfasst. Am Ende der
Broschüre steht eine Materialsammlung mit einem Lexikon der
wichtigsten Begriffe, Arbeitshilfen wie zum Beispiel Mustersatzungen, und weitere praktische Vorlagen sowie Kontaktadressen
– zum Nachlesen, Aufbewahren und Abgucken. Später, wenn eure
Schülerfirma gegründet und euer Name längst bekannt ist, könnt
ihr die Broschüre immer dann zur Hand nehmen, wenn ihr gezielt

etwas nachschlagen wollt. Zum Beispiel: Was muss noch einmal genau in einem Geschäftsbericht stehen? Oder: Wie mache ich erfolgreich Pressearbeit?

Damit ihr euch in unserem Ratgeber gut zurechtfindet, gibt es ein paar Symbole, die immer wieder auftauchen:

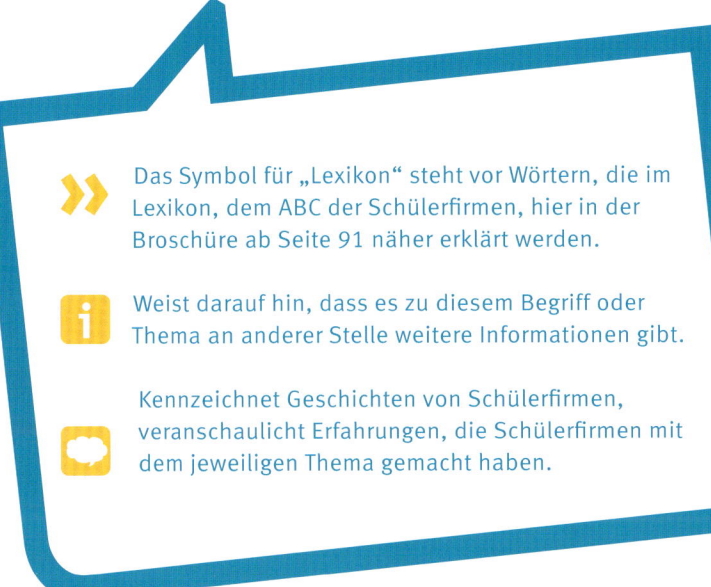

Das Symbol für „Lexikon" steht vor Wörtern, die im Lexikon, dem ABC der Schülerfirmen, hier in der Broschüre ab Seite 91 näher erklärt werden.

Weist darauf hin, dass es zu diesem Begriff oder Thema an anderer Stelle weitere Informationen gibt.

Kennzeichnet Geschichten von Schülerfirmen, veranschaulicht Erfahrungen, die Schülerfirmen mit dem jeweiligen Thema gemacht haben.

Vielleicht hört sich manches, was ihr gleich lesen werdet, erst einmal etwas schwierig an. Lasst euch nicht abschrecken, sondern fangt einfach an. Schließlich haben es schon viele vor euch gewagt – und geschafft.

Wir wünschen euch viel Spaß bei eurer Entdeckungsreise durch die Welt der Unternehmensgründung und viel Erfolg beim Aufbau eurer eigenen Schülerfirma!

Eure Beraterinnen und -berater des Fachnetzwerks Schülerfirmen *der Deutschen Kinder- und Jugendstiftung*

Schritt 1:
Der Anfang

Wie fangen wir an?

Auf einmal ist sie da, die Idee „Wir gründen eine Schülerfirma".
Keiner weiß mehr so genau, wer es als Erster vorgeschlagen hat –
eine Mitschülerin, ein Lehrer? – aber der Gedanke begeistert: Wir
stellen etwas her, bieten was an, bauen was auf, rechnen was ab,
werden ein Team, werden bekannt. Das ist der Beginn einer span-
nenden Zeit, in der ihr viel erleben werdet. Die Entdeckungsreise
beginnt mit ganz grundsätzlichen Fragen. Was ist das eigentlich,
eine Schülerfirma? Und mit wem packen wir es an?

Von der guten Idee zur eigenen Firma

In Zukunft seid ihr nicht mehr nur Schülerin und Schüler, sondern ihr seid auch Jungunternehmer und -unternehmerin und macht all das, was richtige Firmengründer auch tun: Ihr entwickelt eine Geschäftsidee, verkauft etwas, kalkuliert den Preis, macht Werbung für euer Unternehmen und schreibt am Ende des Jahres einen Geschäftsbericht. Ob ihr nun Waren verkaufen wollt, wie selbst gemachte Hautcreme, oder lieber eine Dienstleistung anbietet und ein Schüler-Reisebüro eröffnet – ihr seid die Chefs, eure Ideen prägen eure Firma. Doch trotz aller Ähnlichkeit zum „richtigen Leben" – euer Unternehmen ist keine reale Firma, auch wenn sie sich an der Arbeitsweise richtiger Betriebe orientiert.

Der Unterschied: Eure Schülerfirma ist ein Schulprojekt, ähnlich wie zum Beispiel der Chor oder die Computer-AG. Und das heißt vor allem: Ihr arbeitet im rechtlich geschützten Raum der Schule. Auch dürft ihr richtigen Firmen in eurer Umgebung keine Konkurrenz machen. Natürlich solltet ihr ein wenig Geld verdienen, aber das steht nicht im Vordergrund. Viel wichtiger ist, dass ihr gemeinsam eine Idee entwickelt, die Arbeitsweise von Unternehmen kennenlernt – und viele eurer eigenen Fähigkeiten entdeckt.

Das Gründungsteam

In der Gründungsphase eurer Schülerfirma ist eine Gruppengröße von fünf bis sieben Schülerinnen und Schülern günstig. Sie ist überschaubar und ihr könnt gut diskutieren und grundsätzliche Entscheidungen treffen. Später, wenn sich euer Vorhaben herumgesprochen hat, gibt es oft noch mehr Interessenten und Interessentinnen in der Schule, die mitarbeiten wollen. Wenn Art und Umfang eurer Aufgaben klar sind und es immer mehr Arbeit gibt, solltet ihr offen für neue Mitstreiter und Mitstreiterinnen sein. Denn viel zu tun gibt es immer. In eurer Schülerfirma sollten Schülerinnen und Schüler aus verschiedenen Klassenstufen zusammenarbeiten, Mädchen und Jungen übernehmen gleichberechtigt

Aufgaben. Dabei sind die schulischen Leistungen nicht entscheidend, denn in einer Schülerfirma könnt ihr die Stärken zeigen, die im Unterricht vielleicht nicht so zur Geltung kommen.

Verbündete suchen

Klar ist, ihr seid die Unternehmer, ihr trefft die Entscheidungen. Aber wie jede Firma braucht auch ihr ein engagiertes, förderndes Umfeld. Sprecht also mit dem Schulleiter oder der Schulleiterin eurer Schule über das, was ihr vorhabt. Denn eure Schülerfirma ist ein Schulprojekt. Und als solches muss es von der Schulleitung und – je nach Bundesland – auch von der Schulkonferenz anerkannt werden. Vereinbart mit eurer Schulleitung einen Termin, stellt eure Idee vor und bittet um Unterstützung. Sucht zum Beispiel gemeinsam nach geeigneten Projekträumen, die ihr selbst gestalten könnt und die nur für eure Schülerfirma da sind. Viele Schulen unterstützten so ein Vorhaben gerne. Falls das bei euch nicht der Fall ist, sammelt Argumente und überzeugt eure Schulleitung, dass eine Schülerfirma gut für den Ruf eurer Schule ist. Denn eine Schülerfirma kann die Schule langfristig positiv verändern: Sie wird lebendiger, das Schulklima verbessert sich. Viele Schülerfirmen nehmen über ihr Projekt auch Kontakt zu den Anwohnern rund um die Schule auf oder arbeiten mit anderen Unternehmen zusammen.

Wichtig: Sucht euch einen Projektbegleiter bzw. eine Projektbegleiterin. Das sind bei den meisten Schülerfirmen Lehrkräfte. Es können aber auch Schulsozialarbeiterinnen oder Schulsozialarbeiter sowie andere Erwachsene an eurer Schule sein, die eure Idee gut finden, euch begleiten wollen und zugleich die Aufsichtspflicht übernehmen. In vielen Fällen gehören die Projektbegleiterinnen und -begleiter von Anfang an mit zum Team. Auch Eltern, ehemalige Schüler oder andere Engagierte aus dem Umfeld können eure Schülerfirma unterstützen.

Ein wichtiger und manchmal auch etwas schwieriger Schritt ist es, jemanden zu finden, der die (steuer-)rechtliche Verantwortung für

Weitere Informationen hierzu findet ihr im Kapitel 3 „Der rechtliche Rahmen" ab Seite 26.

eure Schülerfirma übernimmt. Sprecht zunächst mit eurer Schulleitung und eurer Projektbegleitung ab, ob der Schulträger oder der Schulförderverein besser geeignet wäre. Ist diese Frage geklärt, schließt ihr eine Kooperationsvereinbarung mit allen Beteiligten ab. Diese regelt das (rechtlich) Notwendige, um eure Schülerfirma als Schulprojekt ins Rollen zu bringen.

Die Schülerfirma im Schulalltag

Eine Schülerfirma hat ihren festen Platz im Schulalltag: Ihr managt euer Vorhaben innerhalb und außerhalb des Unterrichts, eure Projektbegleitung berät und unterstützt euch dabei. Eure besten Kunden kommen aus der Schule und dem Schulumfeld. Obwohl ihr in der Regel außerhalb der Unterrichtszeit arbeitet, werden sich die Aufgaben der Schülerfirma und euer Stundenplan sehr gut ergänzen. Die praktische Arbeitsweise in eurem Projekt kann zu vielen Fächern beitragen: Die Preiskalkulation hilft im Mathematikunterricht, Buchhaltung und Aktienverwaltung liefern anschauliche Beispiele für die Wirtschaftslehre, der Biologieunterricht gibt Anregungen für das Schulcafé, wenn es um gesunde Ernährung geht. Und was wäre das Marketing ohne kreative Ideen aus dem Kunstunterricht? Die Schülerfirma lässt sich auch bei der Stundenplangestaltung berücksichtigen. An einigen Schulen wird beispielsweise die Länge der Pausen auf die Arbeitsabläufe des Schülercafés abgestimmt.

Vom geschenkten Bauwagen zur Fahrradwerkstatt

Geschichten aus
Schülerfirmen

„Unserer Schule wurde ein alter Bauwagen gespendet, in dem wir kaputte Fahrräder fanden. Einige Schüler hatten dann sofort die Idee, dass wir diese Räder reparieren könnten, um anderen die Chance zu geben, mal einen Klassenausflug mit dem Rad zu machen. Durch die Spende des Bauwagens gab es uns plötzlich: ein kleines Team. Als wir von unserer Idee auch unseren Mitschülern erzählten, wuchs unser Team. Auch ein paar Mädchen konnten

wir dafür begeistern. So waren wir plötzlich eine Gruppe aus zehn Personen. Unsere Lehrerin Frau Moritz war sofort von unserer Idee begeistert und wollte uns gemeinsam mit unserem Lehrer Herrn Baumgärtner unterstützen. Nachdem wir Kontakt zu einer Schülerfirmenberaterin aufgenommen hatten und wir gemeinsam mit ihr einen Plan über unsere nächsten Schritte aufgestellt haben, fand auch unser Hausmeister unsere Idee einer Fahrradwerkstatt so toll, dass er sich ebenfalls für uns einsetzte und uns bei der Einrichtung einer kleinen Werkstatt in der alten Sporthalle half. Das war der Anfang unserer Schülerfirma."

Laura, Geschäftsführerin der Schülerfirma GutBikes,
Gemeinschaftsschule Johannes Gutenberg, Wolmirstedt

○ **Gründungsteam:** Bewährt hat sich am Anfang eine Gruppengröße von fünf bis sieben Schülerinnen und Schülern. In einer solchen Gruppe könnt ihr gut diskutieren und wichtige Entscheidungen treffen.

○ **Erlaubnis:** Sprecht mit eurer Schulleitung über eure Idee, eine Schülerfirma zu gründen. Euer Projekt muss von der Schulleitung und – je nach Bundesland – auch von der Schulkonferenz als Schulprojekt anerkannt werden.

○ **Anerkennung:** Auch wenn ihr künftig arbeitet wie ein richtiges Unternehmen, denkt daran: Ihr seid ein Schulprojekt im rechtlich geschützten Raum der Schule. Der Schulförderverein oder der Schulträger übernehmen zudem die (steuer-)rechtliche Verantwortung. Dazu schließt ihr eine Kooperationsvereinbarung ab (siehe auch Kapitel: Der rechtliche Rahmen).

○ **Begleitung:** Sucht euch jemanden, der eure Schülerfirma begleitet und die Aufsichtspflicht übernimmt.

○ **Beratung:** Wenn ihr Fragen habt oder Unterstützung braucht, wendet euch an die Schülerfirmen-Beratungsstelle in eurer Nähe. Die Kontakte findet ihr am Ende der Broschüre.

Schritt 2:
Die Geschäftsidee

Was unternehmen wir?

Am Anfang einer erfolgreichen Firma steht eine gute Geschäftsidee. Denn die richtige Idee ist entscheidend für die Entwicklung eurer Schülerfirma. Aber keine Sorge, ihr müsst nicht gleich etwas Neues erfinden, um Erfolg zu haben. Es darf auch ruhig ein Projekt sein, das es bereits gibt: Naturkosmetik herstellen zum Beispiel, Pausenbrote verkaufen oder Computer reparieren.

Ideen sammeln und prüfen

Ruft euer Team zusammen und sammelt alles, was euch einfällt, und notiert eure Gedanken auf Papier oder an der Tafel. Wichtig ist: Tut dies, ohne die Vorschläge zu bewerten. Also kein: „Das funktioniert doch nie!" oder „Das ist ja langweilig!". Schaut erst einmal, was euch alles in den Kopf kommt. Seid also kreativ und lasst euren Gedanken freien Lauf. Überlegt, welche Interessen und Fähigkeiten ihr habt. Gibt es etwas, was an eurer Schule gebraucht wird und noch fehlt?

Erst wenn ihr euch ausreichend Zeit genommen und viele Ideen gesammelt habt, könnt ihr beginnen, diese auf Machbarkeit zu überprüfen.

Stellt euch in einer Diskussion die Frage, ob eure Ideen auch wirklich von euch umgesetzt werden können. Wie viel Zeit oder Geld benötigt ihr bei der Umsetzung? Ist eure Idee sozial, ökologisch und moralisch vertretbar?
Habt auch die Zukunft im Blick. Überlegt, ob eure Geschäftsidee auch in einem Jahr noch funktionieren kann und euch noch Freude macht.

Wenn ihr keine ganz neue Idee entwickeln wollt, könnt ihr auch ein Projekt eurer Schule, wie die Computer-AG, in eine Schülerfirma umwandeln. Daraus könnte etwa ein Webdesign-Büro werden.

Kunden finden

Im Mittelpunkt eurer Diskussionen muss der Kunde stehen. Denn ihr wollt ja nicht nur etwas anbieten, sondern es auch verkaufen. Ihr müsst also überlegen: Gibt es genügend Kunden, die für euer Produkt oder eure Dienstleistung Geld bezahlen würden? Um festzustellen, ob eure Mitschülerinnen und Mitschüler Interesse an eurer Geschäftsidee haben, ist es ratsam, eine Umfrage unter euren potenziellen Kunden durchzuführen. Mit Hilfe eines Fragebogens könnt ihr ohne viel Aufwand mündlich oder schriftlich

>> *Marktforschung* betreiben, um die Wünsche und Interessen eurer Kundschaft kennenzulernen. Fragt zum Beispiel nach dem grundsätzlichen Interesse an eurem Angebot, was genau sich die Kunden wünschen und wie viel sie bereit wären, dafür zu bezahlen.

Kooperation statt Konkurrenz

Wählt eure Idee so, dass eure Schülerfirma keine Konkurrenz für reale Unternehmen wird. Zu Firmen in eurer Nähe, die ein ähnliches Angebot haben, solltet ihr vorsorglich Kontakt aufnehmen und euer schulisches Projekt vorstellen. So könnt ihr gegebenenfalls Befürchtungen ausräumen, Klarheit über eure Arbeit schaffen und eventuell sogar Partner für eine langfristige Zusammenarbeit gewinnen.

Weitere Informationen zur Zusammenarbeit mit Unternehmen findet ihr in Kapitel 9 „Kooperationspartner" ab Seite 74.

Geschäftsräume suchen

In der Schule müsst ihr klären, ob sich für eure Geschäftsidee die nötigen Voraussetzungen finden oder schaffen lassen. Gibt es eine Küche für das Schulcafé oder ein Labor für eure Kosmetikproduktion?

Wichtig ist, dass ihr möglichst einen eigenen Raum habt, der nur für eure Schülerfirma da ist. Benötigt ihr spezielle Ausrüstungen, wie eine Werkstatt oder einen Internetanschluss? Sprecht darüber mit euren Lehrkräften und der Schulleitung.

Der Name zur Idee

Jetzt ist es soweit: Eure Schülerfirma bekommt einen Namen. Bei der Auswahl eines passenden Namens dürft ihr eure ganze Kreativität ausleben. Die besten Firmennamen sind einfach auszusprechen, kurz und einprägsam und stehen im Idealfall mit euren Produkten oder euer Dienstleistung in Verbindung. Außerdem solltet ihr ihn alle gut finden und gerne verwenden, denn er prägt eure Schülerfirma. **Aber Achtung:** Wichtig ist, dass ihr keine geschützten Markennamen benutzt. Sonst wird es schnell teuer für euch, denn der Markenschutz sichert dem Nutzer zu, dass niemand außer ihm ohne Weiteres seinen Namen führen darf. Wenn ihr Abkürzungen verwendet, sollten diese ebenfalls nicht zu Verwechslungen führen.

Das gilt nicht nur für euren Firmennamen, sondern auch für Produktnamen: Beispielsweise könnt ihr euren Kunden in eurer Cafeteria keinen markenrechtlich geschützten „Big Mac" anbieten.

Der Name sagt: Wir sind die Chefs!

Geschichten aus Schülerfirmen

„Zuerst haben wir uns gefragt: Wie soll unsere Schülerfirma sein? Wir wollten zusammenhalten, unsere Stärken zeigen können und auch mal Spaß haben. Dann haben wir überlegt, was wir gut können. Wir haben mit der ganzen Klasse, unserer Lehrerin und der Schülerfirmenberaterin eine Sitzung gemacht. Es gab viel zur Auswahl: Musik- und Tanzkurse anbieten, eine Gartenfirma und auch Catering. Nach der Abstimmung war es klar, wir machen Catering. Aber nicht nur Kochen, sondern auch Service und immer zur Stelle sein sind unsere Stärken. Dann brauchten wir nur noch einen Namen. BoZz-Catering – der Name sagt: Wir sind die Chefs, wir haben das Sagen. Anfangs fanden die meisten ihn nicht so toll, doch nun sagen wir, dass ist der beste Name, den man hätte nehmen können."

Zaaraa, Geschäftsführerin BoZz-Catering, Schülerfirma der Integrierten Sekundarschule Wilmersdorf in Berlin

CHECKLISTE
Schritt 2: Die Geschäftsidee

○ **Ideen sammeln:** Zuerst alle Einfälle sammeln, dann bewerten.

○ **Marktforschung:** Gibt es genügend Kunden, die eure Produkte kaufen können und wollen?

○ **Keine Konkurrenz:** Sind Firmen in eurer Umgebung, die genau das gleiche Produkt anbieten?

○ **Raum und Geräte:** Habt ihr einen eigenen Raum, und gibt es in eurer Schule alles, was ihr an Platz und Technik für euer Unternehmen braucht?

○ **Taufe:** Welcher Name ist klar und drückt eure Schülerfirmen-idee aus?

Schritt 3:

Der rechtliche Rahmen

Wie machen wir's legal?

Konto eröffnen, Aktien ausgeben, Verträge unterschreiben –
jetzt wird es spannend. Bevor jedoch das erste Geld seine Besitzer
wechselt oder ihr vertragliche Verpflichtungen eingeht, müssen
ein paar grundsätzliche Regeln für euer Projekt besprochen und
vereinbart werden. So muss unter anderem festgelegt werden,
wer die Trägerschaft und damit die rechtliche Verantwortung für
eure Schülerfirma übernimmt.

Anerkennung als Schulprojekt

Schülerfirmen sind keine realen Unternehmen. Sie genießen einige Vorzüge bzw. Vereinfachungen gegenüber echten Betrieben, müssen sich aber auch an geltende Vorschriften und Gesetze halten. Durch einen Beschluss der Schulkonferenz oder – je nach Bundesland – durch Entscheidung der Schulleitung oder des Schulträgers muss die Schülerfirma zunächst einmal offiziell als Schulprojekt anerkannt werden. Damit ist euer Vorhaben dann ein Schulprojekt wie andere Arbeitsgemeinschaften an eurer Schule auch und es gelten dieselben schulischen Regelungen. So muss eine volljährige Person, die am besten zum pädagogischen Personal gehört, die Aufsichtspflicht im Projekt übernehmen. Und ihr seid im Rahmen eurer Schülerfirmenarbeit über die gesetzliche Unfallversicherung wie im normalen Schulbetrieb abgesichert. Im Unterschied zu anderen Schulprojekten wirtschaftet eure Schülerfirma mit realem Geld. Deshalb sollten vor dem Start des Geschäftsbeginns – sofern ihr noch nicht volljährig seid – eure Eltern über euer Schülerfirmenprojekt informiert werden und schriftlich zustimmen, dass ihr dort mitarbeiten dürft.

Klärung der Trägerschaft

Außerdem muss entschieden werden, wer die Trägerschaft für die Schülerfirma übernimmt und damit die (steuer)rechtliche Verantwortung für euren Geschäftsbetrieb. Dies ist ein wichtiger und manchmal etwas langwieriger Schritt. Schließlich müssen dafür neben der Schulleitung noch weitere Leute mit ins Boot geholt und einige Absprachen getroffen werden. Die Trägerschaft für eine Schülerfirma kann sowohl der öffentliche Schulträger – je nach Schulform der Landkreis oder die Stadt/Kommune – als auch der gemeinnützige Schulförderverein eurer Schule übernehmen.[1]

....

1 Auch freie Schulträger von privaten Schulen können die Trägerschaft einer Schülerfirma übernehmen. Wie das möglich ist, hängt von der Art des Trägers ab und können wir hier nicht näher ausführen. Ihr könnt euch aber gerne an eure Schülerfirmenberaterinnen und -berater aus dem Fachnetzwerk wenden.

Manchmal ist der Schulförderverein näher dran am Schulalltag als der öffentliche Schulträger in der benachbarten Kreisstadt und daher für viele Schülerfirmen ein idealer Partner vor Ort. Allerdings ist hier zu beachten, dass die Unterstützung der Schülerfirma durch den Satzungszweck des Vereins abgedeckt ist und einige Vereine sich erst die notwendigen Versicherungen zum Betreiben der Schülerfirma zulegen müssen.

Beide Modelle haben ihre Vorzüge und Hürden. Besprecht euch am besten zunächst mit eurer Schulleitung und eurer Projektbegleitung, wer für eure Schülerfirma als Partner am besten geeignet ist. Eventuell können eure Projektbegleitung und die Schulleitung diese Frage auch ohne euch klären. Aber ein gemeinsames Gespräch mit einem Verantwortlichen des Schulträgers und des Schulfördervereins kann hilfreich sein, um anschließend die sinnvollste Entscheidung zu treffen. Als Leitfaden für dieses Gespräch kann euch die Muster-Kooperationsvereinbarung dienen, die alle relevanten und zu klärenden Fragen und Angelegenheiten beinhaltet.

Eine Muster-Kooperationsvereinbarung findet ihr in den Arbeitshilfen ab Seite 99.

Denn mit der Entscheidung über die Trägerschaft klärt sich auch, wer gegebenenfalls für eventuelle Schäden aufkommt, die bei eurer Arbeit entstehen können. Sofern der Schulträger die Schülerfirma verantwortet, sind Schäden in der Regel über den Kommunalen Schadensausgleich (KSA) des Schulträgers versichert. Schülerfirmen in Trägerschaft des Schulfördervereins wiederum müssen prüfen, ob der Verein über eine (erweiterte) Haftpflichtversicherung verfügt, die im Zweifelsfall für Schäden der Schülerfirma aufkommt. Dafür ist es wichtig, sich im Gespräch mit eurem zukünftigen Träger offen über potenzielle Risiken, die mit eurer Geschäftsidee verbunden sind, auszutauschen. Der Träger kann dann, wenn nötig, eine Erweiterung seines Versicherungsschutzes in die Wege leiten.

Ist die Frage der Trägerschaft geklärt, passt ihr die Muster-Kooperationsvereinbarung an eure Gegebenheiten und Verabredungen an und lasst sie von den Verantwortlichen verbindlich unterzeichnen. Mit diesem Schritt habt ihr dann alles rechtlich Notwendige getan, um mit eurer Schülerfirma offiziell zu starten.

Schülerfirmen und Steuern

Egal ob der Schulträger oder der Schulförderverein die Trägerschaft für die Schülerfirma übernommen hat: Grundsätzlich ist es
für jede Schülerfirma wichtig, bestimmte Umsatz- und Gewinngrenzen nicht zu überschreiten und damit eine mögliche Besteu-
erung zu vermeiden. Unter Umsatz versteht man alle Erlöse eines
Unternehmens während eines bestimmten Zeitraums durch den
Verkauf seiner Waren/Dienstleistungen oder auch durch Mietein-
nahmen. Als Gewinn wird all das bezeichnet, was als Differenz
übrig bleibt, wenn alle Einnahmen mit den Ausgaben verrechnet
sind.

Folgende Faustregeln solltet ihr beachten:

Schülerfirmen unter dem Dach des öffentlichen Schulträgers:
Hier sollte der jährliche Umsatz unter 30.678 Euro und Gewinn
unter 5.000 Euro liegen, damit die Schülerfirma kein Betrieb
gewerblicher Art (BgA) wird und keine Körperschafts-, Gewerbe-
und Umsatzsteuern anfallen.
Die beiden Summen können ggf. auch der Maximalwert für alle
Schülerfirmen an eurer Schule bzw. aller Schülerfirmen eures
Schulträgers sein.

**Schülerfirma unter dem Dach des gemeinnützigen Schulförder-
vereins:** Sofern die Satzung des Vereins das Betreiben und die
Unterstützung der Schülerfirma erlaubt, kann die Schülerfirma als
sogenannter Zweckbetrieb betrachtet werden. Hier fallen dann
in der Regel keine Körperschafts-, Umsatz- und Gewerbesteuern
an, solange die Summe der Umsätze des Vereins aus wirtschaftli-
chem Handeln unter 17.500 Euro jährlich liegt. Bei dieser Variante
müsst ihr also unbedingt beachten, dass alle Aktivitäten des Vereins, mit denen er Einnahmen erzielt, im Jahr zusammengefasst
werden; zum Beispiel aus dem Betrieb einer zweiten Schülerfirma
oder Einnahmen aus Veranstaltungen, dem Verkauf von Schul-
T-Shirts oder Ähnlichem.

Wichtig: Um ermessen zu können, wie viel Umsatz und Gewinn die Schülerfirma konkret machen darf, ohne Steuern zahlen zu müssen, solltet ihr euch im Vorfeld mit den Verantwortlichen des Schulträgers oder des Schulfördervereins über die steuerliche Situation beraten. Manchmal ist auch eine Nachfrage beim örtlichen Finanzamt durch den Schulträger bzw. beim Steuerberater des Vereins sinnvoll.

Für den Nachweis von Einnahmen und Ausgaben ist eine ordentliche Buchführung wichtig. Nicht nur, weil es sonst kaum möglich sein wird, die Schülerfirma wirtschaftlich zu steuern, sondern weil es auch bei Schülerfirmen zu Prüfungen kommen kann.

Weitere Informationen zur Buchführung findet ihr in Kapitel 8 „Die Finanzen" ab Seite 67.

Ein eigenes Konto

Für eure Geldgeschäfte ist ein eigenes Konto von großem Vorteil. Die Einrichtung muss euch allerdings vorweg vom Träger des Projekts erlaubt worden sein (siehe Kooperationsvereinbarung). Das Konto kann beispielsweise als Girokonto mit Projektbezug (ein sogenanntes Treuhandkonto, wie beim Klassenkonto) oder als Unterkonto des Schulfördervereins gemeinsam von einem Jugendlichen der Schülerfirma sowie der volljährigen Projektbegleitung bei einer Bank eingerichtet werden.

Eine gute Idee ist es, wenn ihr euch bei der Bank gemeinsam als Unterschriftsberechtigte eintragen lasst und so geklärt habt, wer Geld abheben und Kontoauszüge holen darf. Bei der Beratung in der Bank solltet ihr danach fragen, ob die Kontoführung für eure Schülerfirma gebührenfrei sein kann. Viele Geldinstitute kommen euch hier entgegen, denn eine Schülerfirma kann kein richtiges Firmen- bzw. Geschäftskonto einrichten. In einigen Bundesländern gibt es sogar schon gebührenfreie Schülerfirmenkonten.

Verträge unterschreiben

Auch wenn eure Schülerfirma als Schulprojekt von der Schule anerkannt ist, schließt ihr eure Rechtsgeschäfte im Namen des

Trägers der Schülerfirma, also als Teil des Schulträgers oder des Schulfördervereins ab. Wenn ihr also Kooperationen, Kauf- oder Lieferverträge schließen wollt, müsst ihr oder eure Projektbegleitung wie bei der Girokontoeinrichtung über eine entsprechende schriftliche Vollmacht verfügen. Nur so könnt ihr eure eigene Haftung aus den von euch unterzeichneten >> *Verträgen* vermeiden. Stellt daher in jedem Fall sicher, dass die Vollmacht des Schulträgers oder des Schulfördervereins das von euch zu schließende Rechtsgeschäft umfasst.

Was ihr noch bedenken müsst

Für euch als Schülerfirma gelten die Bestimmungen zum Arbeits- und Unfallschutz. Darüber hinaus müssen noch weitere Bestimmungen und Gesetzlichkeiten beachtet werden: Für alle Schülerfirmen gelten die Jugendschutz- und Brandschutzbestimmungen. Außerdem gibt es abhängig von der Geschäftsidee spezielle Regelungen, etwa die Hygienebestimmungen, wenn ihr ein Schulcafé betreibt, oder Lizenzen für Musik und/oder Filmaufführen (GEMA und andere). Erkundigt euch bei eurer Schule, bei den regionalen Beratungsstellen für Schülerfirmen und bei den zuständigen Ämtern und Behörden, welche Rechtsfragen und Vorschriften ihr bei eurer Geschäftsidee beachten müsst.

Hinweise zu den Lebensmittelhygienebestimmungen findet ihr in den Arbeitshilfen ab S. 115.

Welche Anmeldungen sind nötig? Eine Anmeldung beim örtlichen Gewerbeamt und Handelsregister ist als Schülerfirma nicht notwendig. Gleiches gilt für die Handwerkskammer oder die Industrie- und Handelskammer (IHK). Trotzdem können diese beiden für euch interessant sein, um gegebenenfalls potenzielle Kooperationspartner für eure Firma zu finden.

Von Erfahrungen profitieren

„Die Schülerfirma ‚zartbitter' ist aus der Idee einiger Schüler entstanden, an der Regionalen Schule Klütz eine Schuldisko veranstalten zu wollen. Um dieser Idee einen rechtlichen und organisatorischen Rahmen geben zu können, wurde die Schülerfirma gegründet. Bei der Gründung gab es fast keine Schwierigkeiten. Das lag daran, dass bereits eine Schülerfirma an der Schule existierte, welche uns bei den nötigen Schritten unterstützte und bei Fragen beriet. Außerdem standen die Lehrerschaft und die Schulleitung der Idee positiv gegenüber. Die Auseinandersetzung mit einer simulierten Unternehmensform war ebenfalls schnell erledigt. Die erste Schülerfirma an unserer Schule arbeitet in Anlehnung an eine GmbH. Wir haben uns von den guten Erfahrungen überzeugen lassen und ebenfalls diese Form gewählt. Auch die Kooperationsvereinbarung haben wir auf dieser Erfahrungsgrundlage schnell erarbeiten können. Nur als den Jugendlichen klar wurde, dass die Umsatz- und Gewinngrenzen für beide Schülerfirmen gemeinsam gelten, kamen Unsicherheiten auf. Wir haben uns dann mit dem Projektträger und den Geschäftsführern der anderen Schülerfirma zusammengesetzt, um zu erfahren, wie viel Gewinn und Umsatz wir maximal machen dürfen."

Geschichten aus Schülerfirmen

Daniel Soth-Worofka, Schulsozialarbeiter/Dipl. Sozialpädagoge, Regionale Schule Klütz; Mecklenburg Vorpommern, Projektbegleiter der Schülerfirma zartbitter

CHECKLISTE
Schritt 3: Der rechtliche Rahmen

○ **Anerkennung:** Stellt sicher, dass eure Schülerfirma offiziell als schulische Veranstaltung (Schulprojekt) anerkannt wird.

○ **Aufsichtspflicht:** Ihr braucht eine volljährige Aufsichtsperson und solltet auch – sofern ihr noch nicht 18 seid – die Einverständniserklärung eurer Eltern für die Mitarbeit in der Schülerfirma einholen.

○ **Träger:** Findet einen verantwortlichen Träger für eure Schülerfirma; in der Regel ist das der öffentliche Schulträger oder der gemeinnützige Schulförderverein der Schule.

○ **Steuern:** Vereinbart die maximale Umsatz- und Gewinngrenzen für eure Schülerfirma mit eurem Träger und legt fest, wem und wann ihr eure Zahlen offenlegt.

○ **Konto:** Richtet euch gemeinsam mit eurer Projektbegleitung ein Konto bei einer Bank ein.

○ **Verträge:** Zur Vermeidung einer persönlichen Haftung sollte vor dem Abschluss von Verträgen sichergestellt sein, dass eine entsprechende, diese Rechtshandlungen umfassende Vollmacht des verantwortlichen Trägers vorliegt.

○ **Versicherungsschutz:** Klärt mit eurem Träger, welcher Versicherungsschutz für die Schülerfirma und die jeweilige Geschäftsidee nötig ist.

○ **Vorschriften:** Klärt, an welche Hygiene- und Lizenzbestimmungen ihr euch halten müsst, welche Bestimmungen für den Arbeits-, Jugend- und Unfallschutz gelten, welche Brandschutzvorschriften es für eure Räume gibt und welche sonstigen Vorschriften für eure Geschäftsidee relevant sind.

S-Genossenschaft

S-GmbH

S-AG

S-GbR

Schritt 4:
Der Firmenaufbau

Wer macht was?

Bislang habt ihr alles im Team entschieden und gemeinsam über
den Namen eurer Schülerfirma oder die Geschäftsidee abgestimmt.
Nun beginnt die Phase, in der ihr die Aufgaben unter euch aufteilt.
Denn es gibt viel zu tun und wenn jeder alles macht, entsteht schnell
Chaos. Es gibt eine Menge zu klären: Wer ist für den Einkauf verantwortlich? Wer kümmert sich darum, dass jemand ans Telefon geht,
wer beantwortet die E-Mails? Und wer wirbt für euer Angebot?
All diese Aufgaben könnt ihr mit einem gut durchdachten Firmen-
aufbau in den Griff bekommen.

Die Firmenstruktur festlegen

Wie ihr eure Schülerfirma aufbauen wollt, hängt von eurer Geschäftsidee ab und von den Aufgaben, die sich daraus ergeben. Wenn ihr ein Schülercafé betreibt, braucht ihr wahrscheinlich eine Abteilung, die Lebensmittel einkauft. Habt ihr hingegen eine Agentur, die Homepages gestaltet, gibt es vielleicht eine Gruppe, die sich nur um die Betreuung der Kunden kümmert. Aber trotz aller Unterschiede gibt es einige Bereiche, die in beinahe jeder Schülerfirma von Nutzen sind: eine Geschäftsführung; die Produktion, die etwas herstellt oder eine Dienstleistung erbringt; eine Personalabteilung, die neue Mitarbeiterinnen und Mitarbeiter anwirbt und sich um Fortbildungen kümmert; eine Finanzabteilung, die eure Einnahmen und Ausgaben überwacht; die Marketingabteilung, die den Absatz eures Produkts ankurbelt und ein Büro, das Briefe und E-Mails schreibt, telefoniert und kopiert, Protokolle tippt und Einladungen verschickt.

Zu jeder Abteilung sollten ein Leiter oder eine Leiterin und mindestens eine weitere Person gehören. Die Abteilungsleitung hat die Verantwortung für das, was in ihrem Bereich geschieht. Sie muss den Überblick behalten und die Aufgaben verteilen. Darüber hinaus kann es sinnvoll sein, sämtliche Funktionen auch mit Stellvertretern zu besetzen, damit bei Prüfungen oder im Krankheitsfall die Geschäfte weitergehen können. Klar ist, dass man nicht sofort alles kann. Überlegt, wer euch bei welchen Fragen unterstützen könnte. Vieles lernt ihr auch, indem ihr es einfach ausprobiert.

In einem Organigramm könnt ihr alle Abteilungen eurer Schülerfirma festhalten. Das könnte dann zum Beispiel so aussehen:

Organigramm **hierarchisch aufgebaute Schülerfirma** –
Abteilungen sind über- bzw. untergeordnet

Organigramm **dezentral aufgebaute Schülerfirma** –
Abteilungen stehen gleichberechtigt nebeneinander

Die Organisation in den Abteilungen

Überlegt euch, welche Eigenschaften und Talente ihr für die unterschiedlichen Aufgaben braucht. Wer wäre am besten geeignet, um die Schülerfirma zu leiten? Wer ist ein guter Verkäufer, wer könnte euch in der Öffentlichkeit vertreten? Alle Schülerinnen und Schüler sollten möglichst viele Erfahrungen in der Schülerfirma sammeln können. Denkt deshalb darüber nach, ob ihr nach einer bestimmten Zeit Funktionen und Aufgaben im Team wechselt.

Der Blick fürs große Ganze: die Geschäftsführung

Die Geschäftsführung hat die Schülerfirma als Ganzes im Blick. Sie muss wissen, wie es in der Schülerfirma gerade läuft, welche Probleme es gibt und welche Aufgaben anstehen. Die Geschäftsführung plant verantwortungsvoll die Unternehmensentwicklung, löst Schwierigkeiten und knüpft Kontakte zu wichtigen Personen. Außerdem organisiert sie den Informationsaustausch zwischen den einzelnen Abteilungen und beruft regelmäßige Treffen ein. Die Geschäftsführung kann aus einer oder mehreren Personen bestehen. Sie arbeitet eng mit den Abteilungsleitungen zusammen. Die stellvertretende Geschäftsführung weiß genauso über alle aktuellen Vorgänge Bescheid, übernimmt Teilaufgaben bei der Leitung der Schülerfirma und vertritt die Geschäftsführung bei Abwesenheit, Krankheit oder im Auftrag.

Und solche Fähigkeiten sind gefragt: Lust am Organisieren, ein ausgeglichener Umgang mit Menschen, keine Angst, Konflikte anzugehen und Mut, sich mit Lehrkräften und anderen Erwachsenen auseinanderzusetzen.

Nicht nur für Kopfrechner: die Finanzabteilung

In der Finanzabteilung werden die Einnahmen und Ausgaben verwaltet. Wichtig ist, dass die Mitarbeitenden der Finanzabteilung genau Buch führen, Einnahmen und Ausgaben aufschreiben und miteinander vergleichen. So könnt ihr feststellen, ob ihr Gewinn gemacht und Geld für Investitionen zur Verfügung habt. Zu den Aufgaben der Finanzabteilung gehört auch die Abwicklung der

Bankgeschäfte, wie das Konto einrichten, Geld einzahlen, Geld überweisen und Kontoauszüge abholen.

> Und solche Fähigkeiten sind gefragt: Interesse am Umgang mit Geld, Freude am Rechnen, Verantwortungsbewusstsein, Zuverlässigkeit und Genauigkeit.

Weitere Informationen dazu findet ihr im Kapitel 8 „Die Finanzen" ab Seite 67.

Gute Beziehungen: der Einkauf

Ob ihr eine Cafeteria betreibt oder selbst bedruckte T-Shirts verkaufen wollt: Die Materialen für euer Unternehmen müsst ihr einkaufen. Wie groß der Aufwand dafür ist, ob einer alles alleine organisiert oder ob mehrere mit anpacken müssen, das hängt ganz von eurer Geschäftsidee ab. Woher bezieht ihr qualitativ gute Ware? Wie kommt man an natürliche oder fair gehandelte Produkte? Gibt es Anbieter oder auch Großhändler, die euch Rabatte geben, weil ihr häufig dort kauft oder weil sie eure Geschäftsidee mögen? Das alles will recherchiert sein.

> Und solche Fähigkeiten sind gefragt: Organisationstalent, Verhandlungsgeschick, der Blick fürs Ganze.

Kunden verstehen: die Marketingabteilung

» *Marketing* kümmert sich darum, dass Angebot und Kunden zueinander finden. Die Mitarbeitenden behalten die Wünsche der Kunden im Blick und geben diese an die Produktionsabteilung weiter. Sie betreiben » *Marktforschung*, um die Bedürfnisse der Kundschaft herauszufinden, und beobachten den Absatz. Verkauft eure Cafeteria massenhaft Salami-Brötchen, aber kaum Käse-Baguettes? Wie kommen der neue Bio-Burger und die Obstspieße an? Die Marketingabteilung analysiert dies und gibt die Informationen an die Produktionsabteilung weiter. Das Marketing-Team plant außerdem die Werbung für eure Schülerfirma sowie Aktionen, die den Verkauf der Produkte steigern könnten.

> Und solche Fähigkeiten sind gefragt: Verständnis für die Kunden, Kommunikationsfähigkeit, strategisches Denken und ein Händchen fürs Gestalterische.

Weitere Informationen dazu findet ihr im Kapitel 7 „Werbung und Marketing" ab Seite 58.

Menschen mögen: die Personalabteilung

Eine Personalabteilung wird dann wichtig, wenn eure Schülerfirma
wächst und viele Mitarbeitende hat oder ein Generationswechsel
ansteht, weil einige die Schule am Ende des Jahres verlassen.
Die Personalabteilung plant, wann neue Einstellungen notwendig
werden, und achtet auf das Betriebsklima. Wie zufrieden sind die
Mitarbeiterinnen und Mitarbeiter mit ihren jeweiligen Aufgaben?
Sie kann aber auch Regeln für Neuaufnahmen und Kündigungen
aufstellen und auf deren Einhaltung achten. Wenn in der Schülerfirma viele neue Schülerinnen und Schüler mitmachen wollen,
dann überlegt, wann ein günstiger Zeitpunkt für die Einstellung
ist und wie die Bewerbungen für eine Mitarbeit aussehen sollen.
Auch solltet ihr wissen, ob ihr die Bewerber und Bewerberinnen
zu Vorstellungsgesprächen bittet, ob ihr Arbeitsverträge mit ihnen
abschließen wollt und wer über die Einstellung entscheidet.
Außerdem ist die Personalabteilung auch verantwortlich für die
Fortbildung der Mitarbeitenden.

> Und solche Fähigkeiten sind gefragt: Kontaktfreudigkeit,
> die Fähigkeit, zuzuhören und Menschen nach ihren
> Talenten einzuschätzen.

Wo alles zusammenläuft: das Büro

Im Büro laufen viele Fäden der Schülerfirma zusammen. Hier
gehen Telefonanrufe ein, werden Auskünfte erteilt, Briefe und
E-Mails für Geschäftskontakte geschrieben, Einladungen für
Veranstaltungen versendet, Protokolle verfasst und abgelegt oder
Kopien angefertigt.

> Und solche Fähigkeiten sind gefragt: starke Nerven,
> Zuverlässigkeit, Lust am Schreiben, Freundlichkeit und
> Hilfsbereitschaft.

Ganz schön praktisch: die Produktion

In dieser Abteilung werden die meisten von euch arbeiten, denn
sie ist das Herz der Firma. Hier wird euer Angebot hergestellt und
entwickelt. Die Vielfalt der Produkte von Schülerfirmen ist groß.
Wenn es erst einmal läuft, probiert ruhig auch neue Angebote

aus. So bleibt eure Arbeit in der Schülerfirma interessant und abwechslungsreich.

> Und solche Fähigkeiten sind gefragt: Fachkenntnis, Geduld, Genauigkeit, Geschicklichkeit, Kreativität, bei Dienstleistungen auch Kontaktfreudigkeit und Freundlichkeit.

Die Wahl der Unternehmensform

Eine wichtige Frage, die ihr gemeinsam diskutieren solltet, bevor die Arbeit richtig losgeht, ist: Welche Unternehmensform soll eure Schülerfirma haben? Denn auch wenn ihr ein Schulprojekt seid und bleibt, soll sich eure Schülerfirma an der Organisation realer Unternehmen orientieren. Für Schülerfirmen gut geeignete Unternehmensformen sind:

Weitere Informationen dazu und Mustersatzungen findet ihr bei den „Arbeitshilfen" ab Seite 98.

- Schüler-Gesellschaft mit beschränkter Haftung (S-GmbH)

- Schüler-Aktiengesellschaft (S-AG)

- Schüler-Genossenschaft (S-Gen)

Aber Achtung: Außerhalb der Schule und besonders im Internet solltet ihr die Rechtskürzel der Unternehmensformen (S-GmbH, S-AG, S-Gen) nicht verwenden, da die Gefahr besteht, dass eure Schülerfirma nicht ausreichend als solche erkannt wird. Sie darf nicht den Anschein einer realen Firma erwecken, da ihr damit gegen das Wettbewerbsrecht verstoßen würdet.

Eine Frage des Vorbilds: Schüler-GmbH oder Schüler-Genossenschaft?

Geschichten aus
Schülerfirmen

„Wir haben uns entschieden, selbstständig an unserer Schule ein Unternehmen aufzubauen. Dafür recherchierten wir, welche Organisationsform für uns am günstigsten wäre, und sind dabei auf die Schüler-Genossenschaft gestoßen. Eine Genossenschaft ist unkompliziert und flexibel. Sie ist einem Verein sehr ähnlich, denn mehrere Menschen teilen ein gemeinsames Interesse. Das Wohl der Mitarbeitenden ist in einer Genossenschaft sehr wichtig. Für uns war das entscheidend. Das Besondere an einer Schülergenossenschaft ist das Erleben genossenschaftlicher Grundwerte: Selbstständigkeit, Solidarität und Nachhaltigkeit. Nach der Entscheidung für diese Organisationsform wählten wir unseren Vorstand und Aufsichtsrat. Die Satzung und der Businessplan spiegeln den Charakter der Genossenschaft wider. Wir üben hier viel Selbstverantwortung, Kommunikationsfähigkeit, Eigeninitiative und Teamgeist. Dies kann eine gute Grundlage für eine spätere Ausbildung sein."

Uwe Buscha, begleitender Pädagoge, Müllroser Schülergenossenschaft, Grund- und Oberschule Müllrose

○ **Abteilungen:** Organisiert die Aufgaben eurer Schülerfirma in verschiedenen Abteilungen. Neben den Abteilungen, die speziell für eure Geschäftsidee nützlich sind, gibt es in den meisten Schülerfirmen folgende Abteilungen: Geschäftsführung, Finanzabteilung, Einkauf, Marketing, Personalabteilung, Büro und Produktion.

○ **Ämter auf Zeit:** Achtet im Alltag darauf, ob bestimmte Ämter bzw. Jobs laut eurer Satzung oder eures Gesellschaftervertrags zeitlich begrenzt sind oder einer jährlichen Neuwahl bzw. Bestätigung in der ❯❯ *Mitglieder- und Gesellschafterversammlung* bedürfen.

○ **Unternehmensform:** Informiert euch über mögliche Unternehmensformen und findet gemeinsam die passende für eure Schülerfirma. In der Satzung/dem Gesellschaftervertrag legt ihr eure Spielregeln fest. Mehr dazu findet ihr in den Arbeitshilfen.

Wie verstehen wir uns?

Gemeinsam macht es Freude, Ideen zu entwickeln und zu verbessern, Pläne zu schmieden und umzusetzen. Dass ihr dabei nicht immer einer Meinung seid und es zu Auseinandersetzungen kommen kann, ist völlig normal. Wichtig ist, dass ihr lernt, euch mit all euren verschiedenen Ansichten und Gedanken zu respektieren und die Talente, die jeder und jede einbringt, für die Schülerfirma gut zu nutzen. Probleme in der Zusammenarbeit lassen sich am besten gemeinsam beheben, und Lösungen, die alle akzeptieren, halten am längsten!

Schritt 5:
Das Team

Mitbestimmen erwünscht

Anders als in einem realen Wirtschaftsunternehmen werden in einer Schülerfirma die meisten Angelegenheiten von allen Mitarbeiterinnen und Mitarbeitern gemeinsam entschieden. Deshalb ist es wichtig, dass ihr regelmäßig zu Mitarbeiterversammlungen zusammenkommt und alles Relevante, wie neue Aufträge, Dienstpläne, Tops & Flops oder Termine, besprecht. Durch diese Teamsitzungen sind immer alle auf dem neuesten Stand, und jeder von euch kann sich mit seinen Ideen und seinem Engagement einbringen.

Alle Mitarbeitenden der Schülerfirma übernehmen in ihrem Bereich Verantwortung, denn es ist euer gemeinsames Projekt und nicht das eines Einzelnen. So ist es auch nicht die Aufgabe der Geschäftsführung, einsame Entscheidungen zu fällen oder Macht auszuüben. Eure Chefin oder euer Chef ermittelt vielmehr Unternehmensziele, organisiert die Arbeitsabläufe, vertritt die Schülerfirma nach außen und fördert die Teamarbeit.

Für ein gutes Unternehmen ist es ein „Markenzeichen", dass die Angestellten eine Arbeit haben, die ihren Fähigkeiten entspricht und die sie gerne machen. Ab und zu solltet ihr euch unbedingt gemeinsam ein paar erholsame Stunden gönnen, denn das verbindet und motiviert für die weitere Arbeit. Ein gemeinsamer (Betriebs-)Ausflug ist manchmal wichtiger für den Erfolg des Unternehmens als zehn Stunden harte Arbeit.

Ein Team aus unterschiedlichen Klassenstufen

Überlegt, ob ihr nicht auch jüngere oder ältere Schülerinnen und Schüler aus anderen Klassenstufen bei euch mitarbeiten lasst. Zwar ist es manchmal nicht ganz einfach, verschiedene Stundenpläne unter einen Hut zu bringen, aber es lohnt sich. Ihr könnt voneinander lernen und sichert langfristig das Fortbestehen eures Unternehmens – über die Gründergeneration hinaus.

Stress im Team

Solltet ihr einmal mit jemandem aus eurem Team unzufrieden sein, macht ihn oder sie nicht gleich zum „schwarzen Schaf". Vielleicht gibt es ja Probleme, die die ganze Schülerfirma betreffen? Redet mit den Betroffenen über die Ursachen und sucht gemeinsam nach einer Lösung, mit der alle Beteiligten einverstanden sind. Sollten mehrmalige Aussprachen gar nichts ändern, müsst ihr entsprechend eurer Satzung darüber nachdenken, Konsequenzen zu ziehen.

Bei Unstimmigkeiten, mit denen ihr alleine nicht klarkommt, könnt ihr euch Hilfe von außen holen. Die Person, die euren Streitschlichten und Kompromisse finden könnte, sollte von allen akzeptiert werden und unparteiisch sein. Das heißt, er oder sie darf nicht an dem Konflikt beteiligt sein und keine eigenen Interessen in der Schülerfirma verfolgen.

Unbeliebte Aufgaben

Findet von Anfang an ein gerechtes Prinzip, das alle im Team gleichmäßig an nicht so begehrten Aufgaben, wie etwa Aufräumen und Abwaschen, beteiligt. Einigt euch gleich zu Beginn auf gemeinsame Regeln. Das erspart euch Ärger und Unklarheiten. Dinge, die euch besonders wichtig sind, könnt ihr auch in der Satzung oder dem Gesellschaftervertrag festlegen. Und lobt euch gegenseitig, wenn ihr eure Arbeit gut gemacht habt – Anerkennung tut gut!

Prinzip Staffelstab

„Die Schülerfirma ARTemis (Verleih von Kunstobjekten von Schülerinnen und Schülern) haben damalige Zehntklässler am Evangelischen Ratsgymnasium in Erfurt 2000 gegründet. Seither besteht die Schülerfirma über mehrere Schülergenerationen weiter. Das ist unter anderem durch unser Staffelstabprinzip möglich, weil es den

Geschichten aus
Schülerfirmen

49

fließenden Übergang der nachfolgenden Mitglieder in die ARTemis-Arbeit ermöglicht. Jedes Jahr kommen neue Mitglieder dazu, oft in der 9. Klasse. Erfahrene Mitglieder führen sie in die Tätigkeiten der Schülerfirma ein. Viele bei uns an der Schule möchten sich aktiv und selbstständig betätigen und auch Ergebnisse vorweisen. Wir sind sehr darauf aus, den Übergang der Geschäftsführung und der anderen Bereiche für alle verständlich und einfach zu machen. Dies garantiert uns das erfolgreiche Weiterbestehen unserer Schülerfirma. Weil wir ein Kunstverleih sind, der Bilder und Fotos aus der Schule oder von Mitschülern vermietet, legen wir Wert auf Arbeitsteilung. Einer oder eine allein schafft es nicht, Bilder oder Fotos zu rahmen und auch noch, sagen wir, bei einem Arzt in Erfurt im Wartezimmer zu montieren. Wir achten bei unseren Ämtern auch darauf, dass jeder sein Talent mit einbringt. Nicht alle möchten in den Bereich Buchführung und manche sagen auch, dass sie eher wirtschaftlich als künstlerisch aktiv sein möchten. Die Ämter und Aufgaben werden von Paaren, also kollegial und im Team, ausgeführt. Das 2er-Team besteht aus einem erfahrenen und einem unerfahrenen Mitglied. Die Zusammenarbeit aller in jedem Bereich – Buchführung, Geschäftsführung, Kundenbetreuung sowie Marketing, Technik und ,Kunstexperten' – macht es uns dadurch leichter."

Karoline Brand, eine der beiden Geschäftsführerinnen von ARTemis-S-GmbH, Erfurt, kurz vor der Übergabe ihres Amtes an einen jüngeren Nachfolger

○ **Mitbestimmen:** In Schülerfirmen entscheidet in der Regel das Team gemeinsam über wichtige Fragen. Die Aufgabe der Geschäftsführung ist es, Arbeitsabläufe zu organisieren, die Mitarbeitenden ihren Talenten nach einzusetzen und sie zu motivieren.

○ **Teamsitzungen:** Kümmert euch um einen regelmäßigen, festen Termin für Mitarbeiterversammlungen, an dem alle Mitarbeiter und Mitarbeiterinnen (aus allen Klassen und Jahrgängen) teilnehmen können.

○ **Vielfalt:** In Schülerfirmen arbeiten Schülerinnen und Schüler aus verschiedenen Klassenstufen mit. Bewährt hat sich die Zusammenarbeit über mindestens drei Jahrgänge hinweg.

○ **Konflikte:** Wenn ihr mal mit der Arbeit eines Mitarbeiters oder einer Mitarbeiterin nicht zufrieden seid, redet miteinander. Schaltet eventuell eine unabhängige Person ein, die bei Streits vermittelt.

Schritt 6:
Das Produkt

Was bieten wir an?

Sagen wir mal, ihr habt entschieden, dass eure Schülerfirma
Kuchen verkauft. Einen Testverkauf und eine kleine Umfrage
habt ihr bereits durchgeführt. Das Ergebnis: Eure Mitschülerinnen und Mitschüler lieben euer Gebäck und würden auch
dafür bezahlen – eine solide Geschäftsidee also.

Doch es gibt vieles zu bedenken. Backt ihr zwei Sorten Kuchen
oder gar drei? Was soll ein Stückchen von der leckeren Torte
denn kosten, damit die Ausgaben für Eier, Sahne und Schokolade
wieder reinkommen? Und wollt ihr den Kuchen nur in der Schule
anbieten oder auch die Geburtstagsfeiern eurer Mitschüler
und Mitschülerinnen beliefern?

Waren und Dienstleistungen

Ihr solltet Art, Qualität, Verpackung und Service eurer Produkte so bestimmen, dass das Angebot für euch klar und für eure Kunden interessant ist. Die folgenden Fragen können euch dabei helfen:

- Wie soll unser Produkt aussehen und soll es eine Verpackung dafür geben?

- Bieten wir mehrere Varianten davon an, beispielsweise Diät-Sandwich und vegetarisches Sandwich?

- Soll es ein hochwertiges oder ❯❯ *nachhaltiges* Produkt sein, also ökologisch oder Fair Trade?

- Wo bieten wir unsere Dienstleistungen an? Beschränken wir uns auf die Schule oder sind wir mobil in unserer Stadt, unserem Bezirk?

- Gibt es eine bestimmte Zielgruppe, an die sich unsere Dienstleistung richtet, etwa Nachhilfe nur bis Klasse 7 oder für alle Klassenstufen?

- Welchen Service bieten wir unseren Kunden zusätzlich an, damit sie gerne zu uns kommen, vielleicht Lieferungen frei Haus oder Reservierungen?

Preise kalkulieren

Was euer Angebot kosten soll, legt ihr selbst fest. Bei der Kalkulation des Preises müsst ihr genau wissen, was ihr selbst für die Herstellung der Waren oder die Entwicklung und Bereitstellung eurer Dienstleistung ausgegeben habt. Bezieht dafür all eure Ausgaben mit ein, die ihr selbst für Waren oder Leistungen an andere bezahlen musstet. Bedenkt auch euren eigenen Zeitaufwand und entscheidet, wie ihr ihn einkalkuliert. Anteilig solltet ihr außerdem eure Nebenkosten, etwa für Telefon, Büro- und Reinigungsmaterial, berücksichtigen. Danach legt ihr einen Aufschlag für euren Gewinn fest.

Für eure Preispolitik müsst ihr außerdem bedenken, dass der Preis Einfluss auf die Nachfrage hat, also findet heraus, wie viel eure Kunden zu zahlen bereit sind. Interessant ist zudem, welchen Preis die Konkurrenz nimmt. Ihr könnt auch überlegen, euren Stamm-kunden einen Rabatt zu gewähren oder an einem heißen Nachmit-tag eure Restbestände an Obst auch mal billiger zu verkaufen.

Den Verkauf organisieren

Die einfachste Form des Vertriebs ist der direkte Verkauf vor Ort, also in eurem Laden, eurem Büro oder eurem Café. Aber auch per Mail, Telefon oder via Internet ist der Vertrieb noch überschaubar. Welche Form für euch die beste ist, ergibt sich aus eurer Produkt-palette sowie aus den Bedürfnissen der Kunden. So kann man einen Pausensnack jeden Tag gebrauchen, aber eine Website lässt man einmalig für längere Zeit entwickeln. Der Vorteil des Direkt-verkaufs ist, dass ihr mit euren Kunden ins Gespräch kommt, ihre Wünsche und Gewohnheiten kennenlernt – ein „direkter Draht" entsteht. Bei anderen Vertriebsformen ist es wichtig, eventuelle Liefer- oder Versandkosten einzukalkulieren, denn sie können den Preis für ein Produkt enorm in die Höhe treiben.

Mit einer eigenen Internetpräsenz könnt ihr auch über die Schul-grenze hinaus bekannt werden. Bei einer Website gilt es zu be-achten: Nur eine aktuelle Website hilft wirklich. Denkt daran, auch hier auf eure Partner und Förderer hinzuweisen. Wenn ihr euch für einen Internet-Auftritt entscheidet, achtet darauf, dass er sehr viel Pflege braucht und somit sehr zeitintensiv ist. Darüber hinaus soll-te eure Website am besten über die Domain eurer Schule laufen. So macht ihr nicht nur schulintern auf euch aufmerksam, sondern verhindert auch, dass Außenstehende euch für eine reale Firma halten. Außerdem sind beim Verkauf im Internet zusätzlich einige Dinge zu beachten. So gilt zum Beispiel das sogenannte Fernab-satz-Gesetz. Dieses Gesetz sagt, dass ihr bereits verkaufte Waren zurücknehmen müsst, wenn der Kunde das möchte. In einem Hinweis zum Widerrufsrecht mit den Rückgabebedingungen, den jeder Onlineshop haben sollte, klärt ihr eure Kunden darüber auf.

Die etwas andere Zuckertüte

Geschichten aus
Schülerfirmen

„2002 gründete sich, damals noch in Buttstädt, die Schülerfirma ,Kunstgewerbe'. Die ersten Produkte waren Pinocchios aus Holz sowie andere Tierfiguren wie Schildkröten und Esel mit Blumentöpfen. 2006 wurde die Idee der Holzzuckertüte geboren, bis heute ein Erfolgsprodukt. Ein Mitarbeiter der Schülerfirma wollte für seine Kinder eine etwas andere Zuckertüte und so entstand eine Variante aus Birkenholz. Diese gibt es heute in vier verschiedenen Größen sowie als Bausatz, um alle Wünsche abzudecken. Die Zuckertüten sind erstaunlich leicht und vor allem sehr stabil und wiederverwendbar. So gibt es bereits Zuckertüten, die von Familienmitglied zu Familienmitglied weitergegeben wurden. Schön ist es, immer wieder zu sehen, wie kreativ viele Eltern sind, um die Zuckertüten noch nach den Wünschen der Kinder zu gestalten. So gab es Feen- oder Ritterzuckertüten. Auch Fußballklubs und andere Themen fragen unsere Kunden neben den Standard-Zuckertüten immer wieder an. Bestellen kann man die Zuckertüten über www.holzzuckertuete.de und unsere Kunden kommen aus ganz Deutschland. Neben den Zuckertüten werden auch Saisonartikel wie Vogelhäuser, Adventskerzen, Blumenstecker und andere Dekoartikel aus Holz hergestellt. Obwohl alle unsere Mitarbeiter Jugendliche mit Handicap sind, haben sie doch erstaunliche Fähigkeiten, die sie in die Schülerfirma einbringen. Sie meistern Sägearbeiten ebenso wie den Umgang mit Farben, machen die Buchführung und bearbeiten Bestellungen."

Ulrike Thomas, Projektbegleiterin, Schülerfirma Kunstgewerbe, Finneck-Schule Maria Martha, Rastenberg

○ **Produktdesign:** Klärt genau, wie euer Produkt oder eure Dienstleistung aussehen soll, ob es mehrere Varianten davon gibt, wie hochwertig es sein soll und welchen Extra-Service ihr euren Kunden bieten wollt.

○ **Kundennähe:** Versucht immer, die Wünsche und Zufriedenheit eurer Kunden festzustellen. Befragt eure Kundschaft regelmäßig, in Gesprächen oder mithilfe von Fragebögen und richtet euer Angebot nach ihren Wünschen aus.

○ **Preis:** In die Berechnung des Preises für euer Angebot muss einfließen, wie viel ihr selber für die Waren oder Dienstleistungen bezahlt habt, welchen zeitlichen Aufwand ihr hattet, welche Nebenkosten euch entstanden sind, was die Konkurrenz verlangt, und wie viel ihr als euren Gewinn auf den Preis aufschlagen wollt.

○ **Vertrieb:** Die einfachste Form ist, euer Produkt in einem Laden oder Kiosk zu verkaufen. Aber auch per Internet, Mailorder oder Telefon könnt ihr es anbieten. Allerdings müsst ihr dann mögliche Versandkosten in den Preis mit einrechnen.

○ **Koexistenz:** Wenn es Firmen in eurer Umgebung gibt, die die gleichen Waren oder die gleiche Dienstleistung anbieten wie ihr, dann sucht den Kontakt zu ihnen. So verlieren die Geschäftsleute die Angst vor möglicher Konkurrenz – und können vielleicht ja sogar eure Kooperationspartner werden.

Schritt 7:
Werbung & Marketing

Wie werden wir bekannt?

Ihr verkauft eine tolle Sache, etwas Brandneues, etwas Weltbewegendes. Aber die Welt kennt es nicht. Fast ebenso wichtig wie die Qualität eurer Ware oder Dienstleistung ist, dass ihr euer Angebot und eure Schülerfirma vielen Menschen bekannt macht. Und das könnt ihr auf ganz verschiedenen Wegen tun. Ihr könnt Werbung auf Flyern verteilen und Plakate hängen, Zeitungen und das Fernsehen dazu bringen, über euch zu berichten. Ein eigener Internet-Auftritt und Infostände auf Messen und Veranstaltungen sind weitere Möglichkeiten, um auf euch aufmerksam zu machen. Damit das professionell und mit hohem Erfolg geschieht, solltet ihr euch ein eigenes Schülerfirmen-Design überlegen.

Das Kommunikationsdesign

Um sich in der Flut von Werbemaßnahmen und Information durchzusetzen, ist ein konsequentes einheitliches Auftreten eurer Schülerfirma wichtig. Aber auch alle Mitarbeiter und Mitarbeiterinnen eurer Schülerfirma sollen sich über das Firmendesign mit der Firma identifizieren.

Warum ist ein einheitliches äußeres Erscheinungsbild wichtig? Ihr könnt euch so in der Öffentlichkeit am deutlichsten von anderen unterscheiden. Eine durchgängige Gestaltung all eurer Werbemittel und Materialien führt zu Beständigkeit im Auftreten nach innen und außen. Die Variation gleichbleibender Gestaltungselemente, wie das Logo, eine „Hausfarbe" oder die Schriftart, erhöht euren Bekanntheitsgrad und besonders den Wiedererkennungswert. Ein gutes Design steigert auch das Wohlbefinden und die Sympathie in eurem Team und fördert das Wir-Gefühl ähnlich wie das Mannschaftstrikot beim Sport. Ein großer Vorteil ist auch, dass ihr euch bei der Gestaltung neuer Werbemittel nicht jedes Mal aufs Neue überlegen müsst, wie ihr was gestalten wollt. Um dieses sogenannte ❯❯ *Corporate Design* zu entwickeln, solltet ihr euch fragen: Wie wollt ihr als Schülerfirma von euren Kunden wahrgenommen werden? Was wollt ihr für einen Eindruck vermitteln und hinterlassen? Da dies nicht immer über persönliche Gespräche passieren kann, wird euch ein eigenes Firmendesign dabei helfen.

Mit eurem fertigen Erscheinungsbild solltet ihr bei euren Kunden unbedingt einen positiven Gesamteindruck erreichen. Ihr schafft so einen hohen Wiedererkennungseffekt und alle „Objekte" – Visitenkarte, Türschild oder Flyer – sind mit gleichen Stilelementen ausgestattet.

Ein gutes Logo

Für eure Außenwirkung ist es von großem Vorteil, wenn ihr ein eigenes Firmenlogo habt. Darin sollte unbedingt der Bezug zu eurer

Geschäftsidee deutlich werden. Verwendet dafür möglichst nicht mehr als drei Farben und vermeidet leuchtende, Neon- oder sehr dunkle Farben. Denkt dabei an die positive Wirkung auf euch und eure Kunden. Lasst alle Details weg, die nicht absolut notwendig sind und achtet darauf, dass man die Schrift in eurem Logo auch von Weitem gut lesen kann. Die Form und das Layout sollten einzigartig sein. Nutzt niemals Elemente von bekannten Logos und stellt sie als eigenen Entwurf dar, sonst verletzt ihr Urheber- oder Markenrechte. Wenn ihr euch im Team auf ein Logo geeinigt habt, dann zeigt es drei fremden Personen und prüft, ob es ihnen gefällt oder ob ihr noch etwas verändern solltet.

Richtig werben

Mit Werbung für eure Schülerfirma sorgt ihr dafür, dass man euch kennt und gerne zu euch kommt. Bei euren Werbeaktionen solltet ihr vorher immer genau überlegen, welche Zielgruppe ihr ansprechen und welche Botschaft ihr vermitteln wollt. Geht es euch um neue Kunden oder wollt ihr eure Stammkunden für ein neues Produkt interessieren? Danach richten sich eure Werbebotschaft und der Weg, über den ihr versucht, mögliche Kunden zu erreichen. Versetzt euch gedanklich in einen Käufer oder eine Käuferin und überlegt, was das Überzeugende an eurem Angebot wäre.

Veranstaltungen wie Landesmessen für Schülerfirmen oder Märkte bieten immer eine gute Möglichkeit, eure Schülerfirma zu präsentieren. Ihr könnt aber auch selbst einen Anlass finden. Veranstaltet doch mal eine eigene Aktion oder beteiligt euch mit einem Angebot an einem Fest eurer Schule.

Werbematerialien

Für euch als Schülerfirma ist es günstig, wenn ihr eure Werbematerialien, wie Flyer oder Plakate, selbst entwerft, herstellt und über den Kopierer vervielfältigt. Diese könnt ihr hervorragend nutzen, um andere über eure Produkte und Dienstleistungen zu informieren. Flyer und Plakate sind schnell gedruckt und preiswert. Sie können so gut wie überall ausgelegt oder den Interessierten persönlich übergeben werden. Für eine optimale Gestaltung solltet ihr über folgende Dinge genau nachdenken: Überlegt euch, welche Botschaft eure Werbung transportieren soll, welche Zielgruppe angesprochen wird, welchen Zweck ihr verfolgt und wo ihr die Flyer auslegen und verteilen möchtet. Nutzt bei der Gestaltung wenige, aber auffällige Elemente, sogenannte Eyecatcher, und prägnante Farbtöne. Achtet dabei auf kontrastreiche Farben. Kombiniert zum Beispiel kalte und warme oder helle mit dunklen Farben. Wenn ihr nur einen Eyecatcher verwenden wollt, achtet darauf, dass es mindestens 50 Prozent der Fläche ausfüllt. Wenn ihr mehrere Motive oder auch Fotos verwendet, lasst zwischen den einzelnen Elementen genügend Freiraum. Achtet bei der Schrift darauf, dass sie auch aus einiger Entfernung gut lesbar ist.

Beim Inhalt gilt die Regel „In der Kürze liegt die Würze". Überlegt also genau: Was müssen eure Kunden unbedingt über euch und euer Angebot wissen? Das Wichtigste aber ist, dass ihr kreativ seid und versucht, vom Altbekannten abzuweichen.

Pressearbeit

Tipps für eure Pressearbeit findet ihr in den „Arbeitshilfen" ab Seite 118.

Ihr macht eine öffentliche Veranstaltung, eröffnet eure Schülerfirma mit einer Feier oder habt einen tollen Preis gewonnen? Dann solltet ihr die Gelegenheit nutzen und eure lokale Zeitung oder den regionalen Radiosender darüber informieren. Dafür sind Presseeinladungen sinnvoll, wenn ihr einen Reporter zu einer Veranstaltung einladen wollt. Wenn ihr etwas Neues oder Interessantes zu berichten habt, bieten sich Pressemitteilungen an. Vielleicht steht dann schon bald ein toller Artikel über euch in der Zeitung. So werdet ihr wieder ein bisschen bekannter und gewinnt vielleicht neue Kunden.

Ein komplettes Corporate Design

„Seitdem einige Jugendliche damals auf mich zugekommen sind und mich um Unterstützung für ihre Schülerfirma gebeten hatten, ist schon viel Zeit vergangen. Ich bin Lehrerin für Kunst und Gestaltung und deshalb habe ich mich über die Anfrage gefreut. Die Schülerfirma verkauft Schulkleidung. Sie lässt T-Shirts und andere Oberbekleidung in einer Fremdfirma mit dem selbst gestalteten Schullogo bedrucken. Schnell war klar, dass das Basissymbol an die Zielkunden angepasst werden muss. Daraus ergab sich eine ständige Weiterentwicklung des Schullogos. Nach dem Besuch verschiedener Schulungsveranstaltungen zur Weiterentwicklung von Schülerfirmen haben wir über Marketing- und Öffentlichkeitsarbeit intensiver nachgedacht und eigene Strategien entwickelt. Zwei Farben, Grün und Magenta, sind unsere Hausfarben für das Corporate Design. Mittlerweile haben wir auch Tassen und Becher in dieser Farbe. Unser Maskottchen ist Erwin, ein grüner Stofffrosch, der hat bereits einen eigenen Facebook-Auftritt und darf bei keiner Veranstaltung fehlen. Man kann durchaus sagen, dass wir ein komplettes Corporate Design entwickelt haben. Mit jeder neuen Generation kommen neue Ideen, von Plakaten in den Toilettenräumen bis hin zu zielführenden grünen Fußabdruck-Aufklebern bei Messen. Mit dem einheitlichen Design kam mit den Jahren ein ‚Dazugehörigkeitsgefühl‘. Wir sind an der Schule bestens bekannt, um Nachwuchs sorgen wir uns nicht, denn gute Öffentlichkeitsarbeit unterstützt die Nachwuchssuche. Für mich als begleitende Pädagogin ist es jetzt lediglich Aufgabe, neuen Schülerfirmenmitgliedern die Mitgestaltung und Weiterentwicklung zu ermöglichen."

Heike Haas, Lehrerin für Kunst und Gestaltung, Schülerfirma „Schoolfashion" der GHG-Wismar

Geschichten aus Schülerfirmen

CHECKLISTE
Schritt 7: Werbung & Marketing

Firmendesign: Hebt euch mit einem einheitlichen Schülerfirmen-Design von anderen Firmen ab. Nutzt nur eure festgelegten Design-Regeln und sorgt so für einen hohen Wiedererkennungswert bei euren Kunden.

Logo: Entwickelt euch ein eigenes Logo, das gut erkennen lässt, wer ihr seid und was ihr macht.

Werbung: Bewerbt eure Produkte und eure Firma über Flyer und Plakate, Infoveranstaltungen oder Sonderaktionen.

Werbematerialien: Gestaltet euch eigene Flyer oder Plakate. Nutzt diese für Neuerungen im Sortiment oder als Hinweis auf eine besondere Aktion.

Pressearbeit: Informiert die lokalen Medien regelmäßig über eure Arbeit. Schickt Pressemitteilungen an Zeitungen, Radiosender, sowie Fernsehstationen und ladet Journalisten zu euren Veranstaltungen ein.

Schritt 8:
Die Finanzen

Wie rechnen wir ab?

Alles steht und fällt mit den Finanzen – diese Aussage trifft auch für eure Schülerfirma zu. Den Überblick über die Finanzen zu behalten, ist eine der wichtigsten Voraussetzungen für eine gute Entwicklung eurer Schülerfirma.

Die Buchhaltung

Die lückenlose Erfassung, Auswertung und steuerliche Dokumentation des Geldflusses in einem Unternehmen wird Buchhaltung genannt. Da ihr als Schülerfirma in der Regel aber keine Steuern zahlen müsst, habt ihr eine Sorge weniger. Trotzdem seid ihr als Schülerfirma verpflichtet, exakt über sämtliche Einnahmen und Ausgaben Buch zu führen: Wie viel Geld wurde für den Einkauf ausgegeben? Wann hat unser Kunde seine Rechnung bezahlt? Wie viel Geld müsste noch in der Kasse sein und wie viel haben wir auf unserem Konto? Das sind wichtige Fragen, die anhand von Belegen und Kassenbüchern auch von unabhängigen Dritten nachprüfbar sein müssen.

Für die Buchführung solltet ihr sehr zuverlässige Schüler und Schülerinnen auswählen. Auch eure Projektbegleitung muss immer über die Finanzen Bescheid wissen. Sie trägt zusammen mit euch die Verantwortung dafür, dass sich eure Schülerfirma nicht verschuldet. Besonders die Finanzen müsst ihr deshalb offen und ehrlich besprechen und regelmäßig kontrollieren lassen.

Je ernster ihr eure Buchhaltung nehmt, desto mehr Nutzen habt ihr. Durch eine genaue Aufzeichnung lassen sich Entwicklungen erkennen und Konsequenzen für die Zukunft ziehen. Ihr wisst dann aus Erfahrung, wo und wann es Engpässe geben kann und was eure Verkaufsschlager sind, aber auch, wann ihr für den Ausbau eurer Schülerfirma ❯❯ *Investitionen* vornehmen und vielleicht einen neuen Computer anschaffen könnt.

Ausgaben und Einnahmen

Die Buchhaltung könnt ihr entweder per Computer organisieren oder ganz einfach in Aktenordnern. Wichtig ist, dass ihr alle Rechnungen, die ihr bekommt, der Reihenfolge nach im Rechnungseingang sammelt und alle Rechnungen, die ihr selbst ausstellt, als Kopie der Reihenfolge nach im Rechnungsausgang ablegt. Denkt euch ein übersichtliches System dafür aus! Für alle Einkäu-

fe und Anschaffungen, die ihr tätigt, müsst ihr euch einen Beleg
(Quittung) geben lassen und die Ausgabe notieren. Auch alle
Einnahmen müssen unbedingt festgehalten werden. Dafür ist das
Kassenbuch da: Alle Einnahmen und Ausgaben werden der Reihe
nach und in verschiedenen Spalten eingetragen. Wichtig ist, dass
ihr die Buchhaltung an jedem Tag führt, an dem ihr etwas einge-
nommen oder ausgegeben habt.

Ein Muster für ein
Kassenbuch findet ihr
in den Arbeitshilfen
auf Seite 123.

Alles ablegen

In einer Postmappe sammelt ihr alle Briefe, die ihr schreibt und
bekommt, als Original (erhaltene Briefe) oder in Kopie (versendete
Briefe).

Viele Schülerfirmen haben beste Erfahrungen mit einer Dokumentenmappe gemacht. Wenn ihr diese an einem sicheren und
bekannten Platz aufbewahrt, geht nichts verloren und man kommt
schnell an die Unterlagen heran. So könnt ihr gleich reagieren,
wenn eine Nachfrage von der Schulleitung, einem Kunden oder einer Behörde eingeht. In der Dokumentenmappe stecken beispielsweise auch die Kooperationsvereinbarung, die letzte Gewinner-
rechnung und Verträge in Kopie.

Außerdem ist eine 》 *Inventarliste* zu empfehlen. Darin stehen alle
Gegenstände, die eurer Schülerfirma gehören. Damit bekommt ihr
einen Überblick über eure Ausstattung und merkt schneller, wenn
etwas fehlt. Führt in regelmäßigen Abständen 》 *Inventuren* durch.
Wichtig sind auch regelmäßige Inventuren eures Warenbestandes
im Verkaufsbereich und im Lager. So fällt es schnell auf, wenn
etwas verdorben ist oder jemand etwas weggenommen hat. Die
ganzen Bücher und Mappen helfen allerdings nur, wenn ihr sie
sorgfältig führt und immer auf dem neuesten Stand haltet!

Auch andere Papiere können anfallen, etwa Kontoauszüge, falls
ihr ein Girokonto habt. Ihr solltet euch also noch weitere Akten-
ordner für eure Ablage zulegen.

Geschäftsbericht zum Jahresabschluss

Wenn ihr eure Buchhaltung sorgfältig geführt habt, dann wird euch der Geschäftsbericht am Ende eines Geschäftsjahres nicht schwerfallen. Ein Geschäftsjahr umfasst immer ein Jahr, meist ist dies ein Kalenderjahr. Für Schülerfirmen empfiehlt sich eher das Schuljahr.

Mindestens einmal im Jahr findet zum Geschäftsbericht auch ein Treffen statt, an dem alle Beteiligten einer Schülerfirma teilnehmen können. Diese Veranstaltung wird je nach Unternehmensform Hauptversammlung, Generalversammlung oder Gesellschafterversammlung genannt. Auf dieser Versammlung wird Rechenschaft über die Arbeit des vergangenen Jahres abgelegt. Die Geschäftsleitung eurer Schülerfirma legt den Geschäftsbericht vor. Alle Anwesenden können sich auf diese Weise informieren, wie die Schülerfirma gearbeitet hat und wie erfolgreich sie war. Aber auch für die weitere Arbeit könnt ihr diese Jahresauswertung nutzen. Ihr könnt so sehr gut reflektieren, was vielleicht auch nicht so gut gelaufen ist und was ihr im nächsten Jahr verbessern solltet. In diesem Rahmen könnt ihr auch darüber diskutieren, was mit dem erwirtschafteten Gewinn geschehen soll.

Die Buchhaltung hat dazu das Geschäftsjahr anhand der geführten Bücher ausgewertet. Dies geschieht mit der » *Einnahmen-Überschuss-Rechnung (EÜR)*.

Das Schreiben des Geschäftsberichts kann anstrengend sein! Plant dafür genügend Zeit ein und belohnt euch, wenn ihr alles geschafft habt, mit einer gemeinsamen Feier oder etwas anderem Schönen!

Die Gewinnverwendung

Der Gewinn ist die Differenz zwischen euren Einnahmen und Ausgaben in einer Abrechnungsperiode. Im ersten » *Geschäftsjahr* ist euer Gewinn vermutlich noch nicht sehr hoch. Ihr hattet viele Ausgaben und müsst euch erst noch einen Namen machen. Habt ihr so erfolgreich gearbeitet, dass die Einnahmen über euren Ausgaben liegen – also ein Gewinn entstanden ist – dann stellt sich die Frage: Wie wollen wir unseren Gewinn verwenden? Hierfür gibt es vier Möglichkeiten, die ihr besprechen solltet und kombinieren könnt: Ihr ‣ *investiert* wieder in eure Schülerfirma und schafft euch neue Gegenstände oder Geräte an. Belohnt euch und eure Arbeit durch eine Prämienzahlung oder noch besser, durch eine gemeinsame Aktion. Zahlt eine ‣ *Dividende* an eure Aktionäre oder Genossenschaftler aus. Spendet euren Gewinn oder einen Teil davon für gemeinnützige Zwecke. Damit übernehmt ihr soziale Verantwortung für andere und tragt gleichzeitig zum guten Ruf eurer Schülerfirma bei. Ihr könntet ja eure Schule bei konkreten Vorhaben unterstützen, Hilfe leisten in aktuellen Notsituationen, etwas in eurer Gemeinde fördern oder euch für eine ‣ *Spende* an eine Hilfsorganisation entscheiden.

Alles gebucht!

„Unsere Schülerfirma besitzt eine Buchhaltungsabteilung, die alle Aufzeichnungen über die Handkasse und für das Konto in einem Kassenbuch führt. Außerdem bearbeitet die Buchhaltung jede Woche die Abrechnungen der Schülerhilfelehrer und überweist jeden Monat den Lohn an die Mitarbeiter. Alle Listen und die gesamten Abläufe haben wir zunächst gemeinsam erarbeitet und können inzwischen alles gut neuen Schülern erklären, die in der Buchhaltung arbeiten wollen. Am Ende des Geschäftsjahres fassen wir alle Einnahmen und Ausgaben in einem Geschäftsbericht zusammen. Unseren Gewinn nutzen wir meistens für Investitionen oder gemeinsame Ausflüge mit allen Mitarbeitern."

Geschichten aus Schülerfirmen

Madlen Sobkowiak, Mitarbeiterin der Schülerfirma Pimp my brain, Dresden

Buchhaltung: Ihr müsst jede Einnahme und Ausgabe sorgfältig notieren und immer genau über den Stand eurer Finanzen Bescheid wissen. Alle Belege müssen ordentlich abgeheftet werden.

Kassenstand: Überprüft regelmäßig euren Kassenstand und euer Konto.

Ablage: Legt eine Postmappe an, in der ihr alle Briefe eures Unternehmens aufbewahrt, eine Dokumentenmappe, in der wichtige Firmendokumente wie die Kooperationsvereinbarung liegen, und eine Inventarliste, in der alle Gegenstände verzeichnet sind, die eurer Schülerfirma gehören.

Geschäftsbericht: Am Ende des Schuljahres müsst ihr einen Geschäftsbericht schreiben, in dem der diesjährige Gewinn, Berichte der Abteilungsleitenden und Höhepunkte des Geschäftsjahres aufgeführt sind. Diesen legt ihr dann bei der jährlichen Hauptversammlung eurer Schülerfirma vor.

Gewinn: Wenn ihr Gewinn erzielt habt, überlegt, was damit geschehen soll.

Wer passt zu uns?

Im Alltag von Schülerfirmen gibt es viele konkrete Anlässe, die den Wunsch nach einem Kooperationspartner aus der Wirtschaft entstehen lassen. Auch viele Unternehmen haben den Wunsch, sich stärker in der Schule zu engagieren. Die Kooperation mit Wirtschaftspartnern belebt nicht nur euer Geschäft, sondern ihr lernt auch von Profis.

Schritt 9:
Kooperationspartner

Gründe für Kooperation

Die Gründe, sich Wirtschaftspartner zu suchen, können je nach
Schülerfirma völlig unterschiedlich sein. Ganz nahe liegend
ist es, für euren Geschäftsbetrieb, also für Einkauf und Absatz
eurer Produkte oder Dienstleistungen, mit einem festen Partner
zusammenzuarbeiten. Ein weiterer Anreiz könnte darin liegen,
eure Schülerfirma durch einen Wirtschaftspartner qualifizieren zu
lassen. So könntet ihr eure Produkte, eure Öffentlichkeitsarbeit
oder eure Teamarbeit mit professioneller Hilfe verbessern. Auch
die Möglichkeit, euch über Berufe zu informieren, Einblicke in das
Wirtschaftsleben zu erhalten, könnte ein Grund der Partnersuche
sein. Für viele Betriebe ist genau das interessant: In Kontakt mit
Schülerinnen und Schülern zu kommen, um potenzielle Auszubil-
dende schon frühzeitig kennenzulernen.

Die richtigen Partner finden

Wer der richtige Kooperationspartner ist, hängt davon ab, welche
Ideen ihr habt und was sich die Unternehmen wünschen. Natürlich kann es Vorteile haben, wenn die Geschäftsideen einander
ähnlich sind. Das Wichtigste aber ist, dass die Vorstellungen der
gemeinsamen Arbeit harmonieren. Die „Chemie" zwischen den
Partnern sollte also stimmen. Gerade bei kleineren Wirtschaftspartnern könnte es notwendig sein, Gedanken an mögliche
Konkurrenz von vornherein zu zerstreuen. Wenn ihr zum Beispiel
eine Pausenversorgung an eurer Schule betreiben wollt, sollte der
Bäcker, von dem ihr die Brötchen bezieht, keine Umsatzeinbußen
durch eure Idee befürchten müssen. Von Vorteil ist es sicherlich,
wenn sich die Partner ohne größere Umstände gegenseitig erreichen können.

Bedenkt auch, dass Kooperationspartner nicht nur Unternehmen
sein können. Je nach Kooperationswunsch sind hierfür auch
Stadtverwaltungen, lokale Vereine, die Polizei oder die Feuerwehr
ansprechbar.

Erste Schritte

Ihr solltet euch klar darüber sein, was ihr von einem möglichen Partner erwartet und was ihr ihm anbieten könnt. Erst dann hat es Sinn, auf die Suche nach möglichen Wirtschaftspartnern zu gehen. Hierbei können bereits bestehende Kontakte, beispielsweise auch über Lehrkräfte und Eltern sehr nützlich sein. Ihr könnt natürlich auch erforschen, welche möglichen Wirtschaftspartner es in der Nähe eurer Schule gibt. Der erste Kontakt zu einem Partner geht in der Regel von euch aus, weil die Wirtschaftsbetriebe meist gar nicht wissen, was ihr macht und wer ihr seid. Das ist in einem möglichst persönlichen Gespräch auch eure erste Aufgabe. Stellt eure Schülerfirma kurz vor, um danach über eure Erwartungen und euer Angebot zu sprechen. Für den Fall, dass sich eine Zusammenarbeit abzeichnet, solltet ihr schriftlich festhalten, was miteinander gemacht werden soll und wann das geschieht. Bei einer solchen Kooperationsvereinbarung helfen euch eure Projektbegleitung oder die Schülerfirmenberaterinnen und -berater des Fachnetzwerks. In jedem Fall müsst ihr eine Kooperation mit der Schulleitung und Projektbegleitung abstimmen. Falls es beim ersten Mal nicht mit einer Zusammenarbeit klappt, solltet ihr nicht zu enttäuscht sein. Gerade kleinere Betriebe haben bisweilen weder die Zeit noch das Personal, eine Kooperation lebendig auszufüllen. Vielleicht versucht ihr es dann mit einem anderen Betrieb.

Ein Muster für eine Kooperationsvereinbarung mit außerschulischen Partnern findet ihr in den Arbeitshilfen auf Seite 120.

Niemann Catering und Hotel Sachsen-Anhalt

„Für die große Schülerfirmenstaffel in Magdeburg haben wir einen Partner gesucht, der uns unsere Startgebühr sponsert. Mit Unterstützung unserer Schülerfirmenberaterin nahmen wir Kontakt zum Hotel Sachsen-Anhalt auf. Ein paar Mitglieder unserer Schülerfirma kannten das Hotel auch schon über Bekannte. Neben dem Sponsoring haben wir gehofft, dass wir vielleicht auch den einen

Geschichten aus Schülerfirmen

oder anderen Tipp für unsere Pausensnacks bekommen können. Da fehlten uns nämlich ein paar Ideen, wie wir unser Angebot besser dekorieren können und worauf man achten muss. Ein erstes Treffen fand dann auch während der Laufveranstaltung statt. Wir konnten dem Marketingchef einen kleinen Einblick in unsere Arbeit geben, denn wir waren an dem Tag für kleine Getränkeerfrischungen zuständig. Er war von uns und unseren Cocktails so begeistert, dass wir uns zu einem Workshop im Hotel verabredeten. Dort lernten wir nicht nur das Hotel mal von einer anderen Seite kennen, sondern bekamen vom Küchenpersonal auch noch ein paar Tipps für schnelle und gesunde Pausensnacks für unser Catering. Außerdem bekamen wir das Angebot, ein Schnupperpraktikum im Hotel zu machen. Wir überlegen gerade, was wir in Zukunft noch alles gemeinsam unternehmen können.“

Michelle, Mitarbeiterin der Schülerfirma Niemann-Catering, Sekundarschule Albert Niemann, Erxleben

CHECKLISTE

Schritt 9: Kooperationspartner

Recherche: Informiert euch im lokalen Branchenbuch oder im Internet, welche Unternehmen bzw. Einrichtungen es in eurer Nähe gibt. Entscheidet dann, wer interessant für euch ist und wen ihr konkret ansprechen wollt.

Kontakte nutzen: Nutzt zur Suche nach Partnern auch die Kontakte eurer Eltern oder fragt bei Lehrerinnen, Lehrern und der Schulleitung gezielt nach.

Kontaktaufnahme: Nehmt Kontakt über das Telefon auf und vereinbart ein erstes persönliches Gespräch zum Kennenlernen und gemeinsamen Ideensammeln.

Kooperationsvereinbarung: Um eine Kooperation verbindlich zu gestalten, empfiehlt es sich, eine Kooperationsvereinbarung zu unterzeichnen. Dort sind unter anderem Ziele, Gegenstand und Laufzeit der Kooperation festgehalten (siehe Arbeitshilfen).

Schritt 10:
Nach der Gründung

Wie geht es weiter?

Ihr habt viel gearbeitet und viel auf die Beine gestellt:
Ihr habt eure Schülerfirma gegründet und die rechtlichen wie organisatorischen Fragen erfolgreich geklärt.
Nach der Gründung steht nicht nur das Alltagsgeschäft an, sondern eure Schülerfirma muss sich weiterentwickeln und zudem für Nachwuchs sorgen.

Weiterbildung

In einer Schülerfirma weiß niemand gleich über alles Bescheid
– aber jeder Mensch wächst mit seinen Anforderungen. Damit
ihr komplizierte Aufgaben gut bewältigen und Arbeitsabläufe
vereinfachen könnt, zögert nicht, euch Unterstützung zu suchen.
Wirtschaftliche und arbeitsorganisatorische Grundkenntnisse
könnt ihr euch im Unterricht aneignen und Fragen in den entsprechenden Fächern einbringen. Das Internet bietet ebenso Zugang
zu vielen Informationen, wie Bücher, Zeitungen und (Fach-)
Zeitschriften aus der Bibliothek. Einige Links haben wir im Anhang
zusammengestellt.

Darüber hinaus bieten die Beraterinnen und Berater des Fachnetzwerks regelmäßig auf die Bedürfnisse von Schülerfirmen zugeschnittene Fortbildungen, Vernetzungstreffen oder Fachtagungen
an. Auf diesen lernt ihr andere Schülerfirmen kennen und könnt
sicher von deren Erfahrungen profitieren.

Aber auch Eltern und Bekannte können euch mit ihren Berufserfahrungen bei manchen Problemen mit guten Ideen und wertvollen Tipps weiterhelfen. Ihr könnt zudem ein Wirtschaftsunternehmen für die ganz praktische Fortbildung oder Betriebsexkursionen
finden. Aber wo ihr euch auch weiterbildet, in jedem Fall gilt:
Fortbildungen sollten ein fester Bestandteil eurer Planung für ein
neues Geschäftsjahr sein.

Nachfolger finden

Wenn alle an der Schule die Schülerfirma kennen und sie einen
guten Ruf hat, besteht sicher kein Mangel an Mitarbeiterinnen
und Mitarbeitern. Damit das Unternehmen weiter bestehen
kann, ist es wichtig, rechtzeitig Nachfolger einzustellen und einzuarbeiten. Etwa ein Jahr, bevor ihr die Schule verlasst, solltet ihr die
wichtigsten Funktionen an jüngere Schülerinnen und Schüler
abgegeben haben. Denn wechselt das gesamte Team gleichzeitig,
kann die Existenz eures Unternehmens gefährdet sein.

In der Praxis hat es sich bewährt, wenn in einer Schülerfirma mindestens drei Jahrgänge vertreten sind. So geht beim Verlassen der Älteren nie das gesamte Wissen verloren. Darüber hinaus muss das verbleibende Team immer nur ein paar neue Mitarbeiterinnen und Mitarbeiter suchen und nicht eine komplette Mannschaft ersetzen.

Zertifikate

Erst mal ganz praktisch: Ein Zertifikat über die Mitarbeit in einer Schülerfirma erhöht eure Chancen bei der Bewerbung um Ausbildungs- und Studienplätze. Bittet die Projektbegleitung und die Schulleitung darum, euch ein Zertifikat auszustellen, das eure individuellen Fähigkeiten, Arbeitsbereiche und die Dauer eurer Mitarbeit beschreibt. Ihr könnt auch eure Schülerfirmenberaterinnen und -berater oder andere Partner eurer Schülerfirma, beispielsweise aus der Wirtschaft, bitten, euch eine Bestätigung über eure Arbeit auszuhändigen.

Ehemalige

Als Mitarbeitende einer Schülerfirma habt ihr viele Erfahrungen gesammelt. Ihr habt jede Menge Fachwissen in unterschiedlichen Bereichen wie Marketing, Buchhaltung, Produktion und Büroorganisation erworben. Ihr konntet erfahren, was es bedeutet im Team zu arbeiten, Aufgaben gemeinsam zu planen, Entscheidungen zu treffen und diese umzusetzen. Besprecht schon vor eurem Ausscheiden aus der Schülerfirma, wie ihr als „Ehemalige" Unterstützung anbieten und euer Wissen weitergeben könnt. Wenn ihr Genossenschaftsanteile oder Aktien besitzt, werdet ihr sicherlich regelmäßig zu den entsprechenden Jahresversammlungen eingeladen und könnt weiterhin mitbestimmen.

Erfahrung sammeln und weitergeben

Geschichten aus
Schülerfirmen

*„Vor mittlerweile drei Jahren beendete ich meine Tätigkeit inner-
halb der JugendServiceTeam S-GmbH am Emil-Fischer-Gymnasium
in Schwarzheide. Dort war ich im Dezember 2007 Gründungsmitglied sowie von 2008 bis 2011 Geschäftsführer. Zusammen
mit zeitweise bis zu 14 Mitschülern verschiedener Klassenstufen
haben wir Computerkurse für Schüler und Erwachsene angeboten.
Besonders die Zusammenarbeit im Team und mit unserem
Kooperationspartner, der BASF Schwarzheide GmbH, hat mir viel
Spaß gemacht. Die zeitliche Belastung außerhalb des Unterrichts
hat sich in jedem Fall gelohnt. Als Mitglied konnte man nicht nur
seine Fachkompetenzen entwickeln, sondern auch Soft Skills,
wie beispielsweise Team- und Kommunikationsfähigkeit oder die
Leistungsbereitschaft, verbessern. Nachdem ich mein Wirtschafts-
mathematik-Studium an der Universität Mannheim aufgenommen
hatte, ist der Kontakt nicht abgerissen. Im Gegenteil: Als Betreuer
begleite ich die jetzigen Schülerfirmenmitarbeiter zu und nehme –
sofern ich in der Heimat bin – daran teil. Auch andere ehemalige
Mitstreiter des JugendServiceTeams unterstützen die Nachfolger.
Gemeinsam wollen wir den anderen Jugendlichen wertvolle Hinweise geben und ihnen dabei helfen, eventuelle Probleme rechtzeitig zu erkennen.“*

Nico Förster, Student Wirtschaftsinformatik, aus Schwarzheide,
Brandenburg, derzeit in Mannheim.

CHECKLISTE
Schritt 10: Nach der Gründung

Weiterbildung: Versucht, neues Wissen über Wirtschaft und Unternehmen, über Produktplanung und Finanzen, über Marketing und Personalführung zu sammeln. Fortbildungen sollten ein fester Bestandteil eures Geschäftsjahres sein.

Nachfolge: Achtet darauf, dass ihr genug junge Mitarbeitende im Team eurer Schülerfirma habt. Etwa ein Jahr, bevor ihr die Schule verlasst, solltet ihr die wichtigsten Funktionen an jüngere Schüler und Schülerinnen übergeben.

Zertifikate: Lasst euch die Mitarbeit in der Schülerfirma von der Schule und/oder eurer Schülerfirmenberatungsstelle bescheinigen. Je genauer diese Zertifikate darüber Auskunft geben, was ihr in der Schülerfirma gemacht, aber auch gelernt habt, desto mehr können sie euch bei der Ausbildungsplatzsuche nützen.

Ehemalige: Überlegt rechtzeitig, wie ihr ausscheidende Mitarbeiterinnen und Mitarbeiter der Schülerfirma als „Ehemalige" aktiv in das Schülerfirmenleben einbinden könnt.

Was macht eine erfolgreiche Schülerfirma aus?
Was müssen Schülerinnen und Schüler bedenken
und tun, um erfolgreich zu arbeiten?

In den nächsten Abschnitten findet ihr eine strukturierte
Sammlung von Erfolgskriterien, die die Berater und
Beraterinnen der Deutschen Kinder- und Jugendstiftung
für euch zusammengestellt haben.

Grundlage dafür sind ihre langjährigen Erfahrungen
bei der Beratung und Begleitung von Schülerfirmen.

Wichtiges für die Gründung

- Ihr entwickelt gemeinsam eine für die Schule und ihr Umfeld tragfähige Geschäftsidee.

- Ihr arbeitet freiwillig in der Schülerfirma. Euer Team setzt sich aus Schülerinnen und Schülern verschiedener Jahrgangsstufen und Klassen zusammen.

- Eure Schülerfirma ist längerfristig angelegt und nicht auf ein Schuljahr beschränkt.

- Ihr findet eine Projektbegleitung, zumeist eine Lehrkraft oder Schulsozialarbeiterin bzw. -arbeiter, die oder der euch in eurem Projekt unterstützt. Die Begleitung nimmt dabei eine beratende Rolle ein.

- Für die Schülerfirma wird ein separates Girokonto eröffnet. Ein Mitglied der Schülerfirma und eine Lehrkraft sind gemeinsam zeichnungsberechtigt.

- Die schriftliche Einverständniserklärung eurer Eltern zu eurer Mitarbeit in der Schülerfirma liegt vor.

Wichtiges für die Weiterführung

- Ihr habt einen regelmäßigen, festen Termin für Mitarbeiter versammlungen, an dem alle Mitarbeitenden (aus allen Klassen und Jahrgängen) teilnehmen können.

- Am Ende jedes Geschäftsjahres schreibt ihr einen Geschäftsbericht.

- Einmal im Jahr haltet ihr eine Versammlung ab. An dieser nehmen alle Teammitglieder und – je nach Unternehmens-Form – Gesellschafter, Aktionäre oder Genossenschafter und Genossenschafterinnen teil. Gleichzeitig sollte die Versammlung der (Schul-)Öffentlichkeit (Schulleitung, Eltern, Medien etc.) zugänglich sein.

Schülerfirmen und reale Unternehmen

- Die Schülerfirma bietet Waren oder Dienstleistungen an und erzielt daraus Einnahmen, die größer als die Ausgaben sind. Anders als in realen Unternehmen sind aber die Risiken gering.

- Mit Hilfe von Marktforschung könnt ihr einschätzen, ob es genügend Abnehmende für eure Produkte gibt.

- Die Schülerfirma kann sich nach dem Vorbild einer bestimmten Unternehmensform organisieren (z. B. Schüler-Aktiengesellschaft) und verfasst eine Satzung bzw. einen Gesellschaftervertrag.

- Ihr organisiert die Aufgaben in eurer Schülerfirma in verschiedenen Abteilungen mit konkreten Verantwortlichkeiten.

- Ihr dürft keine ernsthafte Konkurrenz für reale Unternehmen darstellen. Nehmt Kontakt zu Unternehmen in eurer Umgebung auf, die dasselbe oder ein ähnliches Produkt anbieten und findet mit ihnen zusammen heraus, ob und wie ihr zusammenarbeiten könnt.

- Kontakte zu realen Unternehmen: Ihr überlegt euch, wie ihr mit Unternehmen in eurer Umgebung kooperieren könntet und wie ihr bzw. sie davon profitieren.

- Ihr stimmt euch vor einer Kooperationsvereinbarung mit außerschulischen Partnern unbedingt mit eurer Projektbegleitung und Schulleitung ab.

Rechtliches, Vorschriften und Versicherung

- Ihr habt einen für das wirtschaftliche Handeln verantwortlichen Träger für eure Schülerfirma gefunden.

- Eine Kooperationsvereinbarung regelt das Verhältnis von Schülerfirma, Schule und dem Schulförderverein oder Schulträger.

- Ihr führt über sämtliche eurer Einnahmen und Ausgaben Buch und bewahrt alle Belege auf.

- Ihr macht bei der Außendarstellung eurer Schülerfirma sowie bei allen Geschäften und Verträgen euren Partnern gegenüber deutlich, dass es sich um eine Schülerfirma und damit um ein Schulprojekt handelt.

- Bevor ihr mit der Arbeit beginnt, klärt ihr, ob besondere Vorschriften für die Umsetzung eurer Geschäftsidee gelten (Hygienebestimmungen, Urheberrechte, Versicherungen etc.).

Schülerfirma und Schule

- Die Schülerfirma ist in eurer Schule verankert. Eure Schülerfirma wird von der Schulleitung und – je nach Bundesland – auch von der Schulkonferenz als Schulprojekt anerkannt.

- Für die Arbeit in eurer Schülerfirma werden euch Räumlichkeiten an eurer Schule zur Verfügung gestellt.

Fortbildung, Beratung und Austausch

- Eine Schülerfirmenberaterin oder ein -berater unterstützt euch bei der Gründung und Fortführung eurer Unternehmung.

- Ihr nehmt an Fortbildungen, etwa für Buchhaltung oder Marketing, teil, die zum Beispiel von den Schülerfirmenberatungsstellen der Deutschen Kinder- und Jugendstiftung und ihren regionalen Partnern angeboten werden.

- Ihr tauscht euch bspw. auf Schülerfirmenmessen oder regionalen Schülerfirmentreffen mit anderen Schülerfirmen aus und profitiert gegenseitig von euren Erfahrungen.

» Das ABC der Schülerfirmen

Ein kleines Lexikon wichtiger Begriffe

Hier werden Worte und Fachausdrücke erklärt, die sich vielleicht im Text nicht gleich erschlossen haben. Die Definitionen sind vereinfacht und lassen Aspekte, die nicht mit Schülerfirmen in Verbindung stehen, außer Acht.

Anschubfinanzierung ...

ist eine Starthilfe zum Aufbau einer Schülerfirma. Sie umfasst finanzielle Mittel, die ihr für die Umsetzung eurer Geschäftsidee benötigt. Ob eine Anschubfinanzierung von der Deutschen Kinder- und Jugendstiftung möglich ist, erfahrt ihr bei eurer Schülerfirmenberaterin oder eurem Schülerfirmenberater. Die Kontaktdaten findet ihr am Ende dieser Broschüre.

Corporate Design ...

(kurz CD) kommt aus dem Englischen, wobei „corporate" für Unternehmen steht. Es ist das äußerliche Erscheinungsbild eines Unternehmens. Das bedeutet, dass alle Kommunikationsmittel und Produkte eines Unternehmens bzw. einer Organisation einheitlich gestaltet sein sollten, um in der Öffentlichkeit ein wiedererkennbares Erscheinungsbild zu haben. Dazu gehört alles, was das visuelle Erscheinen, wie ein Logo, Schriftzüge, bestimmte Farben, Flyer, Werbemittel, aber auch Erkennungsmelodien, eines Unternehmens ausmacht.

Dividende ...

kann nur in jenen Schülerfirmen ausgeschüttet werden, die eine Aktiengesellschaft oder Genossenschaft sind. Der Begriff stammt aus dem Lateinischen und heißt wörtlich übersetzt „das zu Verteilende". Mit der Dividende werden die Aktionäre/Genossenschaftsmitglieder am Gewinn der Firma beteiligt, nämlich mit einem bestimmten Betrag je Aktie/Genossenschaftsanteil. Der Betrag wird ermittelt, indem am Ende eines Geschäftsjahres der

Anteil des Gewinns festgelegt wird, der für die Dividendenzahlung verwendet werden soll – das muss aber nicht der ganze Gewinn sein. Über die Verwendung des Gewinns beschließt die Hauptversammlung/Generalversammlung eurer Schülerfirma. Dieser Gesamtbetrag wird durch die Anzahl der ausgegebenen Aktien/Genossenschaftsanteile dividiert, so erhält man die Dividende je Aktie/Anteil.

Einnahmen-Überschussrechnung ...

ist eine Methode der Gewinnermittlung für alle Unternehmen, die nicht der Bilanzierungspflicht unterliegen. Hierbei werden alle Betriebseinnahmen den Betriebsausgaben eines Geschäftsjahres gegenübergestellt. Nur tatsächlich erfolgte Geldeingänge und Geldausgänge werden beachtet. Es werden also keine unbezahlten Rechnungen für erbrachte oder in Anspruch genommene Leistungen berücksichtigt. Für Schülerfirmen ist diese Form der Gewinnermittlung auch als Jahresabschluss ausreichend.

Geschäftsjahr ...

beträgt höchstens zwölf Monate, muss aber nicht mit dem Kalenderjahr übereinstimmen. Ihr könnt Anfang und Ende eures Geschäftsjahres den Schulabläufen anpassen. Am Ende jedes Geschäftsjahres müsst ihr einen Jahresabschlussbericht erstellen. **Achtung:** Die von Schülerfirmen einzuhaltenden Jahresmaximalwerte für Umsatz und Gewinn beziehen sich aus steuerrechtlichen Gründen auf das Kalenderjahr.

Grundkapital ...

nennt man das Vermögen einer Aktiengesellschaft. Es ist in kleinere Beträge, die Aktien, aufgeteilt. Die Gründer und Gründerinnen übernehmen Aktien gegen finanzielle Einlagen, so dass ein Grundstock an Kapital entsteht. Das Grundkapital einer AG beträgt in Deutschland mindestens 50.000 Euro. Für Schüler-AGs gilt diese Finanzvorgabe natürlich nicht. In der Praxis von Schülerfirmen hat sich bewährt, für Aktien einen geringen Geldbetrag festzulegen, sodass alle Schülerinnen und Schüler, Lehrkräfte oder Eltern an der Schule Aktien erwerben können, auch wenn sie nicht direkt in der Schülerfirma mitarbeiten.

Investition ...

ist die Anlage von Geld in Objekten, die dem Investor einen Nutzen versprechen. Im Verständnis einer Schülerfirma ist eine Investition meist die Verwendung finanzieller Überschüsse für Sachinvestitionen, wie etwa Neuanschaffungen, oder den Erhalt von Arbeitsmitteln.

Inventar ...

sind eure Geräte, eure Ausstattung, Stühle und Tische – alles, was ihr zum Arbeiten benötigt und was sich nicht rasch verbraucht. Dazu gehören auch die Ausstattungsgegenstände, die ihr als Spenden oder durch eine Förderung der Deutschen Kinder- und Jugendstiftung erhalten habt. Auf einer Inventarliste ist jeder Gegenstand mit Anschaffungsdatum und Nummer verzeichnet. Die Nummer auf der Inventarliste wird gut sichtbar am Inventar angebracht, am besten mit einem Aufkleber.

Inventur ...

ist eine genaue Auflistung des Bestandes im Lager und/oder Verkaufsbereich. Anhand der Auflistung wird der Bestand mit dem alten Warenbestand und den Warenzu- und -abgängen abgeglichen, sodass ihr genau feststellen könnt, ob der tatsächliche Bestand zu diesem Zeitpunkt auch dem Kassenstand entspricht.

Marketing ...

sind alle Maßnahmen eines Unternehmens, die den Absatz der Produkte oder Dienstleistungen fördern. Dabei geht es nicht nur darum, ein Produkt an den Mann oder die Frau zu bringen, sondern auch darum, ein Angebot von vornherein so zu planen, zu produzieren und zu vertreiben, dass es den Bedürfnissen der Kunden und Kundinnen entspricht. Die Basis für das Marketing ist eine möglichst regelmäßige Marktforschung. Es gibt verschiedene Instrumente, um euch erfolgreich am Markt zu platzieren: Dazu gehört – neben guten Waren/Dienstleistungen, fairen Preisen und einem guten Vertriebssystem –, dass ihr euch und euer Angebot zum Beispiel mit Werbung oder einer guten Pressearbeit bekannt macht.

E-M

Marktforschung ...

ist die systematische Untersuchung und Beobachtung des Marktes mit dem Ziel, genauere Kenntnis darüber zu erlangen. Schülerfirmen können auch Marktforschung betreiben, indem sie bspw. anhand von Fragebögen oder Interviews analysieren, was die Kundenwünsche sind, welche Waren oder Dienstleistungen günstig eingekauft und erfolgreich verkauft werden oder welche Preise bezahlt werden können. Marktforschung ist ein wichtiger Bestandteil der laufenden Arbeit einer Schülerfirma, um den Erfolg zu sichern.

Moderation ...

ist das Leiten von Besprechungen. Wenn ihr hier alle gleichzeitig eure Meinung kundtun würdet, könnte das schnell im Chaos enden. Damit eine Sitzung zu einem Ergebnis führt und alle mitreden können, ist es gut, wenn eine Person die Moderation oder Gesprächsleitung übernimmt. Sie achtet darauf, dass alle ausreden können, die Tagesordnung eingehalten wird, die Ergebnisse aufgeschrieben werden und der Zeitplan nicht aus dem Blick gerät. Der Moderator oder die Moderatorin sollte sich nur in Ausnahmefällen aktiv an Diskussionen beteiligen, da er oder sie sonst seine bzw. ihre neutrale Position verliert.

Nachhaltig ...

wirtschaftende Schülerfirmen beachten nicht nur ihren wirtschaftlichen Erfolg, sondern streben gleichzeitig einen sozialen Nutzen für die Gesellschaft an oder haben die Schonung der Umwelt zum Ziel. Zudem achten die Schülerinnen und Schüler darauf, dass sie sparsam mit Material und Energie umgehen und möglichst Recyclingprodukte verwenden. Die Jugendlichen gehen im Team respektvoll und freundlich miteinander um und integrieren neue Mitarbeitende.

Protokoll ...

gibt den Inhalt oder die Ergebnisse („Ergebnisprotokoll") einer Teambesprechung wieder. Es enthält neben dem Inhalt den Namen der Veranstaltung, die Teilnehmenden, den Ort, das Datum, die Zeit und den Namen des Protokollanten. Zu einem späteren

Zeitpunkt könnt ihr euch das Protokoll wieder ansehen und ihr wisst genau, was ihr besprochen habt.

Recherche ...

ist das Sammeln und Auswerten von Informationen zu einem bestimmten Thema. Recherchieren könnt ihr in verschiedenen Medien, wie z. B. Büchern, Zeitungen und Zeitschriften. Ihr könntet auch im Internet in Suchmaschinen stöbern oder Homepages anderer Schülerfirmen suchen. Oder ihr macht Interviews mit verschiedenen Personen oder befragt sie per Fragebogen. Es gibt viele Möglichkeiten, um an gesuchte Informationen zu kommen.

Reinvestitionen ...

sind Anschaffungen, die ihr mit dem Gewinn tätigt und die eurer Schülerfirma direkt zugutekommen – der Gewinn fließt so in die Firma zurück. Das kann der Kauf moderner Geräte sein, um schneller und besser zu arbeiten, oder die Neugestaltung eurer Firmenräume, um euch und euren Kunden ein freundlicheres Ambiente zu bieten. Langfristig lässt sich so der Gewinn erhöhen, denn die Qualität eurer Arbeit verbessert sich und es werden mehr Kunden angezogen. Für eine erfolgreiche Zukunft ist es wichtig zu reinvestieren. Das muss nicht immer sofort sein. Ihr könnt das Geld auch für diesen Zweck zurücklegen, um zu einem bestimmten Zeitpunkt genug Mittel zur Verfügung zu haben.

Spende ...

ist das Schenken von Geld, Gegenständen, Zeit oder Know-how durch einzelne Personen oder Firmen für gemeinnützige oder mildtätige Organisationen. Die Spende ist freiwillig, ohne rechtliche oder sonstige Verpflichtungen. Außerdem ist sie unentgeltlich. Der Spende steht keine Leistung oder Verpflichtung des Empfängers gegenüber. Ihr als Schülerfirma könnt selbst Spenden einwerben oder auch Spender sein, wenn ihr euren erwirtschafteten Gewinn einem guten Zweck zukommen lassen wollt. Wenn eine Spenderin oder ein Spender eure Schülerfirma unterstützen möchte und eine Spendenbescheinigung (Zuwendungsbestätigung) zur Vorlage beim Finanzamt benötigt, kann das über

M-S

den verantwortlichen Träger (Schulförderverein bzw. Schulträger) geregelt werden.

Sponsoring ...

ist eine Geschäftsbeziehung zwischen Sponsor (Unternehmen) und Gesponsertem (Vereine, ökologische Projekte, Sportler). Sponsert euch ein Unternehmen mit Geld-, Sach- oder Dienstleistungen, wird eine Gegenleistung erwartet, die in einem Sponsoringvertrag festgehalten ist. Sponsoringverträge müsst ihr gut mit eurer Schulleitung und Projektbegleitung absprechen. Die durch Sponsoring erhaltenen Leistungen können steuerpflichtig für den Gesponserten sein, deshalb fragt besser einen Steuerberater oder eine Steuerberaterin, wenn Sponsoring in Aussicht steht.

Stammkapital ...

ist die Einlage, die Gesellschafterinnen und Gesellschafter bei der Gründung einer Gesellschaft mit beschränkter Haftung (GmbH) einbringen. Bei GmbHs muss in Deutschland das Stammkapital mindestens 25.000 Euro betragen. Als Schüler-GmbH wählt ihr eine Mindestgrenze, entsprechend euren finanziellen Möglichkeiten.

Startkapital ...

sind die Geld- oder Sachmittel, die benötigt werden, um die Geschäftsidee in die Tat umzusetzen. Es wird mit einer Finanzplanung kalkuliert, die alle für den Start anfallenden Kosten berücksichtigt. Wichtig ist für euch, genau zu planen, was ihr unbedingt braucht und was weniger wichtig ist. Dafür stellt ihr eine Liste eurer Ausstattung in einer Minimal- und einer Maximalvariante zusammen. Es gibt sehr verschiedene Möglichkeiten, wie ihr zu eurer Startausstattung kommt. Einige Beispiele sind:

- Die Mitglieder der Schülerfirma bringen Eigenkapital ein.

- In einer Aktiengesellschaft/Genossenschaft wird durch Aktienverkäufe bzw. Aufteilung der Genossenschaftsanteile ein Startkapital gebildet.

- Ihr sammelt Spenden und sucht euch Unterstützer und Förderer (zum Beispiel bei Stiftungen wie der DKJS, bei Gemeinde oder Stadt).

- Ihr nehmt an Wettbewerben mit Geld- oder Sachpreisen teil.

- Eure Eltern, Bekannte oder Freunde schenken euch Gegenstände, etwa Stühle, Tische oder Büromöbel.

- Ihr fragt in eurer Schule nach Arbeitsmaterialien und Know-how.

S-V

Teambesprechungen ...

sind sehr wichtige, regelmäßige gemeinsame Treffen und dienen der Arbeitsplanung und dem Austausch von Informationen. In einer Tagesordnung werden die aktuell zu besprechenden Themen in einer Reihenfolge festgelegt. Die ›› *Moderation* kann entweder abwechselnd jemand von euch übernehmen oder dies macht immer die gleiche Person, wie die Geschäftsführung oder die Abteilungsleitung. Am besten ist, wenn ihr die Ergebnisse und Aufgaben eurer Besprechung in einem Protokoll festhaltet.
In der nächsten Sitzung könnt ihr dann überprüfen, ob ihr die Aufgaben schon erfüllt habt.

Vertrag ...

ist eine bei allen Vertragspartnern und -partnerinnen anerkannte und übereinstimmende Willenserklärung. Mit einem Vertrag werden die Rechte und Pflichten der Vertragspartner verbindlich festgelegt. Ein Vertrag kann mündlich oder schriftlich abgeschlossen werden. Kommt es zum Bruch der im Vertrag vereinbarten Festlegungen, können Rechtsmittel in Anspruch genommen werden.

Arbeitshilfen
Abgucken erlaubt!

In dieser Materialsammlung findet ihr folgende Vorlagen bzw. Tipps für eure Schülerfirmenarbeit. Diese Materialien findet Ihr auch auf www.fachnetzwerk.net.

1. Muster-Kooperationsvereinbarung zur Gründung einer Schülerfirma

2. Übersicht zu möglichen Unternehmensformen

3. Mustersatzung Schüler-GmbH

4. Mustersatzung Schüler-Aktiengesellschaft

5. Mustersatzung Schüler-Genossenschaft

6. Lebensmittelhygieneblatt

7. Presse-Tipps

8. Muster-Kassenbuch

9. Muster-Kooperationsvereinbarung mit außerschulischen Partnern

Wenn ihr Material lieber digital haben möchtet oder euch weitere Informationen wünscht, schaut in unsere Linksammlung ab Seite 124.

Bitte bedenkt, dass es sich bei den Satzungen und Kooperationsvereinbarungen lediglich um Muster handelt, die ihr entsprechend eurer Bedingungen und Bedürfnisse an eure Schülerfirma anpassen müsst.

Kooperationsvereinbarung
zur Gründung einer Schülerfirma

zwischen

Schule: …………………………………………………………….

Schülerfirma: ………………………………………………..………………

verantwortlicher Träger des Projektes
(Schulförderverein bzw. Schulträger): …………………………………………..………………

Die vorliegende Vereinbarung dokumentiert, dass das [*langfristig angelegte*] Projekt Schülerfirma als schulische Veranstaltung anerkannt ist. Sie regelt das Innenverhältnis zwischen der Schule, der Schülerfirma und dessen Projektbegleitung sowie dem Schulträger bzw. Schulförderverein als Träger des Projektes.

Anliegen der Schülerfirma ist, dass die Schülerinnen und Schüler praktisch in realitätsnahen wirtschaftlichen Zusammenhängen Fertigkeiten und Kompetenzen für die erfolgreiche Bewältigung des Übergangs von der Schule in den Beruf sowie Eigeninitiative, Verantwortungsbereitschaft und Teamfähigkeit entwickeln und anwenden. Zudem geht es um die Förderung und das Erlernen eines verantwortungsvollen ökonomischen Handelns.

Vereinbarung

1. Die Arbeit der Schülerfirma liegt im Wesentlichen in der Verantwortung der beteiligten Schülerinnen und Schüler. Die Projektbegleitung …. berät und unterstützt sie und übernimmt die Regelung der Aufsichtspflicht.
2. Die Schulleitung bzw. die Schulkonferenz hat die Schülerfirma …. am …… als schulische Veranstaltung anerkannt. Die Schulleitung und die Schulkonferenz unterstützen die Projektbegleitung bei ihrer Arbeit.
3. [*Voraussetzung für die Mitarbeit von Schülerinnen und Schülern in der Schülerfirma ist die schriftliche Einverständniserklärung der Eltern*.]
4. Der Schulträger bzw. der Schulförderverein übernimmt die Trägerschaft für das Projekt und die Verantwortung für das wirtschaftliche Handeln der Schülerfirma. Sie überträgt der Schülerfirma die Vollmacht, Rechtsgeschäfte im Rahmen des Projektes zu tätigen.

5. Der Träger des Projektes kontrolliert die Einhaltung der steuerrechtlich relevanten Maximalwerte für den Jahresumsatz und den Jahresgewinn der Schülerfirma. Die Maximalwerte betragen für den Umsatz …. Euro und den Gewinn …. Euro.
   Die Werte müssen durch eine gewissenhaft geführte Buchhaltung der Schülerfirma nachweisbar sein.

6. Für den bargeldlosen Zahlungsverkehr wird ein separates Treuhandgirokonto bzw. Unterkonto des Schulfördervereins eingerichtet, zu dem die Projektbegleitung sowie der/die Schüler/in …. gemeinsam zugangsberechtigt sind. Für das Konto wird kein Dispo-Kredit beantragt oder in Anspruch genommen.

7. Über die Verwendung evtl. anfallenden Gewinns entscheidet die Schülerfirma gemäß ihrer Satzung.

8. Fragen zum Versicherungsschutz wurden zwischen den Kooperationspartnern geklärt; verbundene Risiken sind durch den Träger des Projektes abgesichert worden.

9. Die Schülerfirma erhält von der Schule folgende Räumlichkeiten zur mietfreien, zweckgebundenen und weitgehend eigenverantwortlichen Nutzung: ….

   Für die Schlüsselübergabe gelten folgende Regelungen und Bedingungen: ….

   Die Reinigung der genannten Räumlichkeiten erfolgt durch: ….
   Die anfallenden Betriebskosten bezahlt: ….

10. Über die o.g. Unterstützung hinaus stellt die Schule/Schulförderverein/Schulträger folgende Sachmittel/ technischen Geräte und finanzielle Mittel zur Verfügung (leihweise oder auf Dauer; unter folgenden Konditionen): ….

    Das Eigentum der Schülerfirma (Inventar) ist über den Träger des Projektes versichert.

11. Die Schülerfirma macht bei ihrer Außendarstellung sowie bei allen Geschäften und Verträgen ihren Partnern gegenüber deutlich, dass es sich um eine Schülerfirma der Schule unter Trägerschaft des Schulträgers bzw. des Schulfördervereins handelt.

12. Eine Internetpräsenz der Schülerfirma erfolgt vorzugsweise als Unterseite der Schule oder in Absprache mit der Schulleitung.

13. Bei der Schulleitung angemeldete Aktivitäten der Schülerfirma außerhalb der Schule gelten grundsätzlich als Dienstreisen bzw. schulische Veranstaltung. Es wurden verbindliche Absprachen zur Meldung von Aktivitäten außerhalb des Schulgeländes und der üblichen Schulzeit getroffen.
    Die Nutzung von Privat-PKWs im Rahmen der Schülerfirmentätigkeit muss jeweils im Vorfeld von der Schulleitung bzw. verantwortlicher Stelle genehmigt werden.

14. Die Vereinbarung wird für unbestimmte Zeit geschlossen und endet, wenn ein Kooperationspartner …. Monate zuvor die Vereinbarung kündigt.

Schulleiter/-leiterin

....
(Datum, Unterschrift)

Projektbegleiter/-begleiterin

....
(Datum, Unterschrift)

Geschäftsführer/-führerin Schülerfirma ....
(Datum, Unterschrift)

Schulförderverein/Schulträger

....
(Datum, Unterschrift)

Übersicht über 3 mögliche Unternehmensformen für Schülerfirmen

	S-GmbH	S-Gen	S-AG
Wer darf mitmachen? (Mitglieder)	! Schüler, Schülerinnen ! Lehrer, Lehrerinnen	! Schüler, Schülerinnen ! Lehrer, Lehrerinnen ! andere Personen oder Institutionen	! Schüler, Schülerinnen ! Lehrer, Lehrerinnen ! andere Personen oder Institutionen
Wer darf mitarbeiten? (Mitarbeitende)	! Schüler, Schülerinnen ! Lehrer, Lehrerinnen Alle Mitarbeitende sind auch gleichzeitig Gesellschafter und Gesellschafterinnen (§ 4 Abs. 1).	! Schüler, Schülerinnen ! Lehrer, Lehrerinnen Alle Mitarbeitende sind auch gleichzeitig Genossenschafter und Genossenschafterinnen (§ 4 Abs. 1).	! Schüler, Schülerinnen ! Lehrer, Lehrerinnen ! Mitarbeitende müssen nicht unbedingt Aktionäre oder Aktionärinnen werden (§ 3 Abs. 3).
Dürfen auch Externe Mitglieder werden?	! Nein	! Ja	! Ja
Wie nennt man die Mitglieder?	! Gesellschafter, Gesellschafterin	! Genossenschafter, Genossenschafterin	! Aktionär, Aktionärin
Wer hat wie viel zu sagen?	! Jedes Mitglied je nach Anzahl der Gesellschafteranteile (§ 5 Abs. 4). Bsp.: Wer 3 Gesellschafteranteile hält, hat 3 Stimmen. Wer einen Anteil hält, hat eine Stimme.	! Jedes Mitglied hat 1 Stimme (§ 2 Abs. 1).	! Jedes Mitglied je nach Anzahl seiner Aktien (§ 4 Abs. 4).

	S-GmbH	S-Gen	S-AG
Was passiert mit meinen Firmenanteilen nach meinem Ausscheiden?	! Verbleibt auf jeden Fall in der Schülerfirma (§ 2 Abs. 3).	! Kann auf Antrag ausgezahlt werden, allerdings nur in Höhe des ursprünglich eingezahlten Betrags (§ 2 Abs. 3).	! Kann auf Antrag beim Vorstand zum aktuellen Wert ausgezahlt werden (§ 3 Abs. 4).
Was passiert mit dem Gewinn?	! Alle Gesellschafter, Gesellschafterinnen entscheiden gemeinsam bei der Gesellschafterversammlung darüber (§ 5a Abs. 1c).	! Kommt den Mitgliedern oder anderen sozialen Zwecken zugute. (§1 Abs. 2 und 3) ! Alle Mitglieder entscheiden gemeinsam bei der Mitgliederversammlung darüber (§ 5a Abs. 1e).	! Die Aktionäre, Aktionärinnen entscheiden im Rahmen der jährlichen Hauptversammlung darüber (§ 4 Abs. 1).

Gesellschaftervertrag für die Schüler-GmbH

Die Punkte in kursiver Schreibweise sind möglich, aber nicht erforderlich.

§ 1 Anliegen und Leistungen der Schülerfirma

(1) Die Schüler-GmbH ... ist ein pädagogisches Projekt der ... (Schule mit Adresse). Es ist Anliegen des Projektes, dass die Schülerinnen und Schüler praktisch in realitätsnahen wirtschaftlichen Zusammenhängen Kompetenzen für die erfolgreiche Bewältigung des Überganges von der Schule in den Beruf wie Eigeninitiative, Verantwortungsbereitschaft und Teamfähigkeit entwickeln und anwenden.

(2) *Weiteres Anliegen der Schüler-GmbH ist …*

(3) Die Beziehungen zwischen Schule und Schülerfirma sind in der Kooperationsvereinbarung vom …. geregelt.

(4) Die Schüler-GmbH bietet folgende Produkte/Dienstleistungen an[1]:
- ….
- ….

§2 Stammkapital

(1) Das Stammkapital setzt sich bei Gründung der Schülerfirma aus den Gesellschafteranteilen zusammen. Ein Gesellschafteranteil beträgt ... Euro. Es ist möglich, mehrere Gesellschafteranteile zu erwerben.

(2) Nach der Gründung muss jeder neue Gesellschafter, jede neue Gesellschafterin mindestens einen Gesellschafteranteil erwerben.

(3) Der Gesellschafteranteil verbleibt auch nach Ausscheiden des Gesellschafters, der Gesellschafterin in der Schülerfirma.

(4) Gesellschafteranteile sind nicht auf andere Personen übertragbar.

§3 Geschäftsjahr

Das Geschäftsjahr ist das Schuljahr.

§ 4 Mitglieder der Gesellschaft

(1) Es können nur Personen Gesellschafter/Gesellschafterin werden, die
- Schüler, Schülerinnen oder Lehrkräfte der Schule sind und
- die gleichzeitig Mitarbeitende der Schülerfirma sind und

---

[1] Der Leistungsbereich kann erweitert werden.

- sich mit den in der Satzung aufgeführten Regelungen einverstanden erklären.

(2) Über die Aufnahme neuer Mitarbeitender entscheidet die Geschäftsführung. Neu aufgenommene Mitarbeitende entrichten ihren Gesellschafteranteil und bekommen eine Kopie der Satzung.

(3) Die Mitgliedschaft und Mitarbeit in der S-GmbH endet beim Verlassen der Schule, auf eigenen Wunsch unter Einhaltung einer Frist von … Wochen oder bei Ausschluss. Jedes Mitglied kann wegen grober Verletzungen der von ihm übernommenen Pflichten oder bei fortgesetzter Nachlässigkeit aus der Schülerfirma ausgeschlossen werden. Ihm muss jedoch Gelegenheit gegeben werden, sich dazu zu äußern. Über den Ausschluss entscheidet die Geschäftsführung.

(4) Jedes Mitglied der Gesellschaft hat das Recht, nach den Regeln der Satzung an ihrer Gestaltung mitzuwirken.

(5) Jedes Mitglied der Gesellschaft ist verpflichtet, die ihr/ihm übertragenen Aufgaben pünktlich und ordentlich zu erfüllen. Die von der Schüler-GmbH genutzten Räumlichkeiten müssen in einem sauberen und ordentlichen Zustand gehalten werden. Gleiches gilt für die sich im Firmen- oder Schuleigentum befindlichen Gegenstände, technischen Geräte und Materialien. Für mutwillige Beschädigungen werden die Verursachenden haftbar gemacht.

§ 5 Aufbau der S-GmbH

a) Gesellschafterversammlung

Die Gesellschafterversammlung besteht aus allen Gesellschaftern und Gesellschafterinnen.

(1) Sie hat folgende Aufgaben:
   a. Neuwahl oder jährliche Bestätigung der Geschäftsführung
   b. Entgegennahme des Geschäftsberichts der Geschäftsführung mit Jahresbilanz
   c. Entscheidung über die Verwendung des Gewinns auf Grundlage eines Vorschlags der Geschäftsführung

(2) Die Gesellschafterversammlung ist einzuberufen, wenn dies im Interesse der Schülerfirma liegt, aber mindestens einmal im Geschäftsjahr. Alle Mitglieder der Gesellschaft sind dazu einzuladen.

(3) Die Versammlung ist beschlussfähig, wenn mehr als die Hälfte aller Mitglieder anwesend sind. Ist das nicht der Fall, muss eine neue Gesellschafterversammlung einberufen werden, die dann in jedem Fall beschlussfähig ist.

(4) Stimmberechtigt sind alle Mitglieder gemäß ihrer Gesellschafteranteile.

b) Geschäftsführung

(1) Die S-GmbH hat … Geschäftsführerinnen bzw. Geschäftsführer.

(2) Die Geschäftsführung organisiert und leitet alle die Gesellschaft betreffenden Maßnahmen gemäß § 1 (4) in Absprache mit der projektbegleitenden Lehrkraft. Sie

entscheiden über die Gewährung und Erbringung von Leistungen, über finanzielle und personelle Angelegenheiten.

(3) Die Geschäftsführung ruft die Gesellschafterversammlung ein. Sie führt die Liste der Gesellschafterinnen und Gesellschafter und ihrer Anteile.

c) Abteilungen

(1) Die Gesellschaft gliedert sich in folgende Abteilungen:
- Finanzen
- Marketing
- ...

(2) Jede Abteilung verfügt über eine gewählte verantwortliche Person.

§ 6 Auflösung

(1) Sollte die Arbeit der Schülerfirma eingestellt werden, wird diese zu einem konkreten Stichtag aufgelöst. Bis dahin erstellt die Geschäftsführung eine Abschlussbilanz samt Inventarliste über vorhandenes Vermögen. Außerdem erarbeitet sie einen Vorschlag zur Verwendung der Einlagen, Gelder und Güter.

(2) Eine abschließende Gesellschafterversammlung entscheidet über diesen Vorschlag. Abschließend müssen die Partner der Kooperationsvereinbarung dem Verwendungsbeschluss zustimmen. Erst danach tritt dieser in Kraft.

§ 7 Gültigkeit der Satzung

(1) Die Satzung tritt am ... in Kraft.
(2) Änderungen oder Ergänzungen bedürfen der Zustimmung der Gesellschafterversammlung.

_____

Ort/Datum/Unterschrift der Gründungsmitglieder

Satzung für die Schüler-Aktiengesellschaft (S-AG)

Die Punkte in kursiver Schreibweise sind möglich, aber nicht erforderlich.

§ 1 Anliegen und Leistungen der Schülerfirma

(1) Die Schüler-AG ... ist ein pädagogisches Projekt der ... (Schule mit Adresse).
Es ist Anliegen des Projektes, dass die Schülerinnen und Schüler praktisch in
realitätsnahen wirtschaftlichen Zusammenhängen Kompetenzen für die erfolgreiche
Bewältigung des Überganges von der Schule in den Beruf wie Eigeninitiative,
Verantwortungsbereitschaft und Teamfähigkeit entwickeln und anwenden.

(2) Weiteres Anliegen der Schüler-AG ist ...

(3) Die Beziehungen zwischen Schule und Schülerfirma sind in der
Kooperationsvereinbarung vom ... geregelt.

(4) Die Schüler-AG bietet folgende Produkte/Dienstleistungen an[1]:
- ....
- ....

§2 Geschäftsjahr

(1) Das Geschäftsjahr ist das Schuljahr.

§ 3 Aktionäre und Aktionärinnen

(1) Die Aktionärinnen und Aktionäre sind Inhaber der Schüler-Aktiengesellschaft (AG).

(2) Aktien können erwerben:
- Schüler/innen oder Lehrer/innen der Schule sowie
- andere Personen oder Institutionen, die mit der Schule oder Schülerfirma in
Verbindung stehen und
- sich mit den in der Satzung aufgeführten Regelungen einverstanden erklären.

(3) Mitarbeitende der Schülerfirma müssen nicht zwangsläufig Aktionärinnen und
Aktionäre der Schüler-AG sein.

§4 Grundkapital – Umgang mit Aktien

(1) Das Grundkapital der Schüler-AG setzt sich aus dem Gesamtwert aller ausgegebenen
Aktien zum Gründungstag zusammen. Der Wert einer Aktie beträgt zu diesem Tag ...
Euro. Es ist möglich, mehrere Aktien zu erwerben, *allerdings max. ... pro Person oder
Institution.*

---

[1] Der Leistungsbereich kann erweitert werden.

(2) Die Mehrheit der Aktien muss in Schülerhand liegen.

(3) Auch nach der Gründung ist die Ausgabe von Aktien möglich. Der Wert einer Aktie ist bei jeder Hauptversammlung von den Aktionärinnen und Aktionären gemäß der aktuellen wirtschaftlichen Situation der Schüler-AG für das kommende Geschäftsjahr festzulegen.

(4) Mitarbeitende Aktionärinnen und Aktionäre können dies auch nach dem Ausscheiden aus der Schülerfirma bleiben. Sie müssen dies dem Vorstand allerdings anzeigen, ansonsten geht der Aktienanteil in Firmenbesitz über.

(5) Aktien werden auf Antrag des Aktionärs, der Aktionärin vom Vorstand zum jeweils gültigen Wert ausgezahlt.

(6) Aktien sind nicht auf andere Personen oder Institutionen übertragbar.

§ 5 Leitung und Aufbau der Schülerfirma

a) Hauptversammlung

In der Hauptversammlung kommen alle Aktionärinnen und Aktionäre zusammen.

(1) Sie hat folgende Aufgaben:
   a. Wahl oder jährliche Bestätigung des Aufsichtsrates
   b. Entgegennahme der Berichte des Aufsichtsrates und des Vorstands
   c. Entscheidung über die Verwendung des Gewinns
   d. Festlegung des aktuellen Aktienwertes nach Vorschlag durch den Vorstand
   e. Entscheidung über die Auflösung der Schüler-AG

(2) Die Hauptversammlung ist einzuberufen, wenn dies im Interesse der Schülerfirma liegt, aber mindestens einmal im Geschäftsjahr. Alle Aktionärinnen und Aktionäre sind dazu einzuladen.

(3) Die Versammlung ist in jedem Fall beschlussfähig, sofern die Eingeladenen mindestens … Wochen vor der Hauptversammlung über den Termin informiert wurden.

(4) Stimmberechtigt sind alle Anwesenden gemäß der Anzahl Ihrer Aktien.

b) Aufsichtsrat

(1) Der Aufsichtsrat besteht aus … Aktionärinnen bzw. Aktionären *(mind. 3)*.

(2) Der Aufsichtsrat wählt den Vorstand. Er überwacht dessen Arbeit und wahrt die Rechte der Aktionärinnen und Aktionäre.

(3) Er prüft den Jahresbericht und -abschluss samt Gewinnverwendungsvorschlag des Vorstandes und berichtet darüber in der Hauptversammlung.

c) Vorstand

(1) Der Vorstand besteht aus … Mitarbeitenden (mindestens 2). Er organisiert und leitet alle die Schüler-AG betreffenden Maßnahmen gemäß § 1 (4) in Absprache mit der

projektbegleitenden Lehrkraft. Sie entscheiden über die Gewährung und Erbringung von Leistungen, über finanzielle und personelle Angelegenheiten.

(2) Der Vorstand ruft die Hauptversammlung ein. Er verantwortet die Ausgabe von Aktien und registriert die Aktionärinnen und Aktionäre.

(3) Der Vorstand erstellt einen Jahresbericht über den Stand und die Entwicklung der Schüler-AG sowie den Jahresabschluss samt Vorschlag für die Gewinnverwendung.

(4) Mitglieder des Vorstands dürfen keine Aufsichtsräte sein.

d) Mitarbeitende

(1) Es können nur Personen in der Schüler-AG mitarbeiten,
- die Schülerinnen, Schüler oder Lehrkräfte der Schule sind <u>und</u>
- sich mit den in der Satzung aufgeführten Regelungen einverstanden erklären.

(2) Über die Aufnahme neuer Mitarbeitender entscheidet der Vorstand. Neu aufgenommene Mitarbeitende können Aktien erwerben und einen Anteil zeichnen.

(3) Die Mitarbeit in der Schüler-AG endet beim Verlassen der Schule, auf eigenen Wunsch unter Einhaltung einer Frist von …. Wochen oder bei Ausschluss.
Jeder Mitarbeiter, jede Mitarbeiterin kann wegen grober Verletzungen der von ihm/ihr übernommenen Pflichten oder bei fortgesetzter Nachlässigkeit aus der Schülerfirma ausgeschlossen werden. Ihm/ihr muss jedoch Gelegenheit gegeben werden, sich dazu zu äußern. Über den Ausschluss entscheidet der Vorstand.

(4) Alle Mitarbeitende sind verpflichtet, die ihnen übertragenen Aufgaben pünktlich und ordentlich zu erfüllen. Die von der Schüler-AG genutzten Räumlichkeiten müssen in einem sauberen und ordentlichen Zustand gehalten werden. Gleiches gilt für die sich im Firmen- oder Schuleigentum befindlichen Gegenstände, technischen Geräte und Materialien. Für mutwillige Beschädigungen werden die Verursachenden haftbar gemacht.

e) Abteilungen

(1) Die Schüler-AG gliedert sich in folgende Abteilungen:
- Finanzen
- Marketing
- …

(2) Jede Abteilung verfügt über eine gewählte verantwortliche Person.

§ 6 Auflösung

(1) Sollte die Arbeit der Schülerfirma eingestellt werden, wird diese zu einem konkreten Stichtag aufgelöst. Bis dahin erstellt der Vorstand eine Abschlussbilanz samt Inventarliste über vorhandenes Vermögen. Außerdem erarbeitet er einen Vorschlag zur Verwendung der Einlagen, Gelder und Güter.

(2) Eine abschließende Aktionärsversammlung entscheidet über diesen Vorschlag. Außerdem müssen alle Partner der Kooperationsvereinbarung dem Verwendungsbeschluss zustimmen. Erst danach tritt dieser in Kraft.

§ 7 Inkrafttreten der Satzung

(1) Die Satzung wurde durch die Aktionäre und Aktionärinnen am ... mehrheitlich beschlossen. Sie tritt mit sofortiger Wirkung in Kraft.

(2) Änderungen oder Ergänzungen bedürfen der Zustimmung der Hauptversammlung.

Ort/Datum/Unterschrift der Gründungsaktionäre bzw. -aktionärinnen

Satzung für die Schüler-Genossenschaft (Schüler-Gen)

Die Punkte in kursiver Schreibweise sind möglich, aber nicht erforderlich.

§ 1 Anliegen und Leistungen der Schülerfirma

(1) Die Schüler-Gen ... ist ein pädagogisches Projekt der ... (Schule mit Adresse). Es ist Anliegen des Projektes, dass die Schülerinnen und Schüler praktisch in realitätsnahen wirtschaftlichen Zusammenhängen Kompetenzen für die erfolgreiche Bewältigung des Überganges von der Schule in den Beruf wie Eigeninitiative, Verantwortungsbereitschaft und Teamfähigkeit entwickeln und anwenden.

(2) Das Ziel der Genossenschaft ist die Förderung ihrer Mitglieder.

(3) *Weiteres Anliegen der Schüler-Gen ist ...*

(4) Die Beziehungen zwischen Schule und Schülerfirma sind in der Kooperationsvereinbarung vom ... geregelt.

(5) Die Schüler-Gen bietet folgende Produkte/Dienstleistungen an[1]:
- ....
- ....

§2 Stammkapital

(1) Das Stammkapital setzt sich bei Gründung der Schülerfirma aus den Genossenschaftsanteilen zusammen. Ein Genossenschaftsanteil beträgt mindestens ... Euro. Jedes Mitglied der Genossenschaft verfügt lediglich über eine Stimme in der Mitgliederversammlung, unabhängig von der Höhe seines Genossenschaftsanteils.

(2) Nach Gründung der Genossenschaft ist die Aufnahme weiterer Mitglieder jederzeit möglich.

(3) Der eingezahlte Genossenschaftsanteil kann auf Antrag nach dem Ausscheiden eines Mitglieds an dieses ausgezahlt werden.

(4) Genossenschaftsanteile sind nicht auf andere Personen oder Institutionen übertragbar.

§3 Geschäftsjahr

Das Geschäftsjahr ist das Schuljahr.

§ 4 Genossenschafter/Genossenschafterinnen

(1) Mitglieder der Genossenschaft können werden,
- Schüler, Schülerinnen oder Lehrkräfte der Schule sowie

---

[1] Der Leistungsbereich kann erweitert werden.

- andere Personen oder Institutionen, die mit der Schule oder Schülerfirma in Verbindung stehen <u>und</u>
- sich mit den in der Satzung aufgeführten Regelungen einverstanden erklären. Mitarbeitende der Schülerfirma sind verpflichtend Mitglieder der Genossenschaft.

(2) Über die Aufnahme neuer Mitglieder entscheidet der Vorstand. Neu aufgenommene Mitglieder entrichten ihren Genossenschaftsanteil und bekommen eine Kopie der Satzung.

(3) Die Mitgliedschaft in der S-Gen endet automatisch beim Verlassen der Schule, auf eigenen Wunsch unter Einhaltung einer Frist von … Wochen oder bei Ausschluss. Ein Mitglied kann wegen grober Verletzungen der von ihm übernommenen Pflichten oder bei fortgesetzter Nachlässigkeit aus der Schülerfirma ausgeschlossen werden. Ihm muss jedoch Gelegenheit gegeben werden, sich dazu zu äußern. Über den Ausschluss entscheidet der Vorstand. Auf Wunsch kann die Mitgliedschaft auch nach Verlassen der Schule weiter bestehen.

(4) Jedes Mitglied hat das Recht an der Gestaltung der Genossenschaft mitzuwirken.

(5) Jedes Mitglied ist verpflichtet, die Ziele der Genossenschaft zu unterstützen und ihre Interessen zu wahren.

§ 5 Aufbau der Schülerfirma

a) Mitgliederversammlung

Die Mitgliederversammlung besteht aus allen Mitgliedern der Genossenschaft.

(1) Sie hat folgende Aufgaben:
   a. Wahl oder jährliche Bestätigung des Vorstands
   b. *Wahl oder jährliche Bestätigung des Aufsichtsrates (sofern ein Aufsichtsrat gebildet wird)*
   c. Entgegennahme des Berichts des Vorstands *(sofern vorhanden des Aufsichtsrats)* über das vergangene Geschäftsjahr
   d. Entgegennahme des Berichts des Vorstands über künftige Vorhaben
   e. Entscheidung über die Verwendung des Gewinns auf Grundlage eines Vorschlags des Vorstands
   f. Entscheidung über die Auflösung der Schüler-Genossenschaft.

(2) Die Mitgliederversammlung ist einzuberufen, wenn dies im Interesse der Schülerfirma liegt, aber mindestens einmal im Geschäftsjahr. Alle Mitglieder sind dazu einzuladen.

(3) Die Versammlung ist beschlussfähig, wenn mehr als die Hälfte aller Mitglieder anwesend sind. Ist das nicht der Fall, muss eine neue Mitgliederversammlung einberufen werden, die dann in jedem Fall beschlussfähig ist.

(4) Stimmberechtigt sind alle Mitglieder zu gleichen Teilen.

b) Aufsichtsrat

(Dieses Organ ist ab 20 Mitgliedern sinnvoll.)

(1) Der Aufsichtsrat handelt im Auftrag der Mitglieder und kontrolliert die Arbeit des Vorstands. Er besteht aus … Mitgliedern (mindestens 3).

(2) Er berät den Vorstand bei wichtigen Entscheidungen, prüft dessen Jahresbericht und Vorschlag zur Gewinnverwendung.

(3) Der Aufsichtsrat beruft die Mitgliederversammlung ein und leitet diese.

c) Vorstand

(1) Der Vorstand besteht aus … Mitarbeitenden (mindestens 2). Er organisiert und leitet alle die Genossenschaft betreffenden Maßnahmen gemäß § 1 (5) in Absprache mit der projektbegleitenden Lehrkraft. Sie entscheiden über die Gewährung und Erbringung von Leistungen, über finanzielle und personelle Angelegenheiten.

(2) Der Vorstand beruft die Mitgliederversammlung ein *(sofern kein Aufsichtsrat gebildet wird)*. Er führt die Mitgliederliste mit ihren Genossenschaftsanteilen.

(3) Der Vorstand erstellt den Geschäftsbericht.

(4) Mitglieder des Vorstands dürfen keine Aufsichtsräte sein.

d) Mitarbeitende

(1) Alle Mitarbeitende sind verpflichtet, die ihnen übertragenen Aufgaben pünktlich und ordentlich zu erfüllen. Die von der Schülergenossenschaft genutzten Räumlichkeiten müssen in einem sauberen und ordentlichen Zustand gehalten werden. Gleiches gilt für die sich im Firmen- oder Schuleigentum befindlichen Gegenstände, technischen Geräte und Materialien. Für mutwillige Beschädigungen werden die Verursachenden haftbar gemacht.

e) Abteilungen

(1) Die Gesellschaft gliedert sich in folgende Abteilungen:

- Finanzen
- Marketing
- …

(2) Jede Abteilung verfügt über eine gewählte verantwortliche Person.

§ 6 Auflösung

(1) Soll die Arbeit der Schülerfirma eingestellt werden, wird diese zu einem konkreten Stichtag aufgelöst. Bis dahin erstellt der Vorstand eine Abschlussbilanz samt Inventarliste über vorhandenes Vermögen. Außerdem erarbeitet er einen Vorschlag zur Verwendung der Einlagen, Gelder und Güter.

(2) Eine abschließende Mitgliederversammlung entscheidet über diesen Vorschlag. Außerdem müssen alle Partner der Kooperationsvereinbarung – sofern sie nicht

Mitglieder sind - dem Verwendungsbeschluss zustimmen. Erst danach tritt dieser in Kraft.

§ 7 Gültigkeit der Satzung

(1) Die Satzung tritt am ... in Kraft.
(2) Änderungen oder Ergänzungen bedürfen der Zustimmung der Mitgliederversammlung.

Ort/Datum/Unterschrift der Gründungsmitglieder

Das Lebensmittelhygieneblatt
Hinweise zur Hygiene in Schülerfirmen, die Lebensmittel verarbeiten und verkaufen

Wenn ihr bei eurer Arbeit unverpackte Lebensmittel direkt (mit der Hand) oder indirekt (z. B. mit Besteck) berührt, müsst ihr wichtige Hygienevorschriften beachten. Ihr müsst ein Gesundheitszeugnis für jede Mitarbeiterin und jeden Mitarbeiter beim Gesundheitsamt eurer Stadt erwerben. Auch ist es ratsam, Kontakt zu dem zuständigen Staatlichen Veterinär- und Lebensmittelüberwachungsamt aufzunehmen, ehe bei euch eine unangemeldete Hygienekontrolle durchgeführt wird.

Gesundheitszeugnis gem. § 43 des Infektionsschutzgesetzes vom 20.7.2000

Jedes Teammitglied bekommt ein Gesundheitszeugnis, nachdem er oder sie vom Gesundheitsamt über die Hygienevorschriften belehrt worden ist. Ihr erfahrt, bei welchen Krankheitserscheinungen ihr nicht im Lebensmittelbereich arbeiten dürft, damit ihr niemanden ansteckt. In jedem folgenden Jahr muss die Belehrung von euerm Beratungslehrer oder eurer Beratungslehrerin wiederholt werden. Neue Mitarbeitende müssen zur Erstbelehrung zum Gesundheitsamt. Die Kopien der Gesundheitszeugnisse müssen im Verkaufsbereich aufbewahrt werden. Denkt bei eurer Finanzplanung daran, dass ihr dafür eine Gebühr bezahlen müsst.

Warum müsst Ihr auf Hygiene achten?

An allen Gegenständen und vor allem am Menschen haften tausende Mikroorganismen. Zum Teil verursachen sie das Verderben der Lebensmittel. Deren Wirkung ist an verändertem Geschmack und Geruch der Speisen wahrnehmbar. Die Gefährlicheren sind die nicht wahrnehmbaren Mikroorganismen, zum Beispiel Salmonellen, welche Krankheiten hervorrufen. Bei Wärme (bis 60° C) vermehren sie sich rasend schnell. Bei Kälte verringert sich ihr Wachstum. Die Mikroorganismen benutzen „Transportmittel", zum Beispiel unsere Hände, Schmuck, Uhren, unsere Kleidung, Küchengeräte, Behälter, Geschirr, Putzlappen und Wischwasser. Temperaturen über 60° C und Desinfektionsmittel töten sie ab. Ihr müsst also Hygienemaßnahmen ergreifen, um Mikroorganismen von den „Transportmitteln" zu beseitigen und ihre Entwicklung in den Lebensmitteln zu stoppen bzw. zu verlangsamen.

Womit können wir das erreichen?

1. Durch die persönliche Hygiene aller Mitarbeiterinnen und Mitarbeiter,
2. durch die Gestaltung der Arbeitsräume und Arbeitsbereiche,
3. durch die hygienische Arbeitsweise aller Teammitglieder.

Hinweise zur persönlichen Hygiene

a) Beobachtet euren Körper, ob ihr Krankheitsmerkmale, wie Durchfall, Wunden und Hautveränderungen feststellt. Ihr seid verpflichtet solche Zeichen ernst zu nehmen. Wendet euch vertrauensvoll an euren Beratungslehrer oder eure Beratungslehrerin und ergreift Maßnahmen entsprechend der Hygienebelehrung.

b) Achtet auf eure Köperpflege und saubere Kleidung.

c) Tragt im Arbeitsbereich eine saubere Arbeitskleidung und Kopfbedeckung. Das können T-Shirts und Basecaps sein, die sich bei 60° C waschen lassen. Nicht in der Arbeitskleidung auf das WC gehen.

d) Legt vor Arbeitsbeginn Handschmuck und Uhren ab.

e) Wascht euch vor Arbeitsbeginn, nach der Pause und dem Toilettenbesuch gründlich die Hände bis zum Armgelenk.

f) Wendet euch von den Lebensmitteln ab, wenn ihr husten oder niesen müsst. Putzt euch mit einem Papiertaschentuch die Nase und wascht euch danach die Hände.

g) Achtet darauf, was ihr bewusst oder unbewusst anfasst und ob sich daran Mikroorganismen befinden können.

Hinweise zur Gestaltung der Arbeitsräume und Arbeitsbereiche

a) Der Küchen- und Ausgabebereich muss so gestaltet sein, dass ihn nur zugelassene Mitarbeiterinnen und Mitarbeiter betreten können.

b) Die Arbeitstische und die Ausgabetheke müssen eine möglichst helle, glatte, abwaschbare und rissfreie Oberfläche haben.

c) Ihr müsst im Arbeitsraum ein Handwaschbecken mit Warm- und Kaltwasseranschluss, Flüssigseifenspender und Papierhandtüchern haben.

d) Außerdem braucht ihr eine Doppelspüle mit einer wasserabweisenden, abwaschbaren Wandoberfläche dahinter.

e) Das Geschirr müsst ihr in Schränken aufbewahren, damit sich kein Staub ablagert.

f) Sorgt für genügend Licht im Arbeitsbereich.

g) Ihr braucht einen Kühlschrank für die Lagerung der Lebensmittel und eine gekühlte Theke, wo ihr eure Produkte bei maximal 7° C bis zum Verkauf zwischenlagert.

h) Verwendet keine Holzschneidebretter, da sie sich schlecht reinigen lassen.

i) Gardinen, Jalousien, Möbel mit textilem Bezug und Blumen dürfen sich nicht im Küchenbereich befinden.

j) Insekten muss zum Beispiel durch Fliegengitter der Zutritt verwehrt werden.

k) Verwendet einen Mülleimer mit Deckel.

l) Der Fußboden muss sich leicht mit Wasser reinigen lassen.

Hinweise zur hygienischen Arbeitsweise der Mitarbeiterinnen und Mitarbeiter

Ihr solltet euch die Zeit nehmen und genau analysieren, welche hygienischen Risiken bei welchen Arbeitsschritten vom Einkauf bis zum Verzehr der Speisen auftreten können. Überlegt euch, wer diesen Risiken wie entgegen wirkt und wer es kontrolliert. Hängt einen Hygieneplan in euren Arbeitsraum, um alle Probleme und Aufgaben für alle Mitarbeitende in übersichtlicher Form darzustellen. Jede Schülerin und jeder Schüler muss wissen, wofür er oder sie verantwortlich ist.

Auf folgende Risiken solltet ihr achten:

a) Achtet beim Wareneinkauf auf Verfallsdaten, auf die vorgeschriebenen Transporttemperaturen, auf fehlerfreie Verpackungen und darauf, dass sich keine Schädlinge an/in den Waren befinden.

b) Lebensmittel müsst ihr entsprechend der vorgeschriebenen Temperatur lagern. Die Gefäße zur Aufbewahrung müssen sauber sein. Bereits gegarte Lebensmittel müssen mit Folie abgedeckt werden. Der Kühlschrank muss einmal wöchentlich gereinigt und desinfiziert werden.

c) Bei der Zubereitung sollen die Zeiten zwischen Kühlung und Kochen und zwischen Kochen und Essen möglichst kurz sein. Es dürfen keine biologischen (Mikroorganismen), keine chemischen (Reste von Reinigungsmitteln) und keine physikalischen (Fingernägel, Knöpfe usw.) Verunreinigungen in das Essen gelangen. Kochlöffel und Finger dürfen nicht abgeleckt werden, da auch bei gesunden Menschen der Speichel riesige Mengen von Mikroorganismen enthält.

d) Vor der Ausgabe müssen verderbliche Speisen gekühlt und warme Speisen bei über 65° C bereitgehalten werden. Keine Staubfänger als Dekoration auf das Essen legen oder gar hineinstecken. Reste von wiederaufgewärmten Speisen, beispielsweise aus Büchsen, müsst ihr wegwerfen.

e) Reinigen müsst ihr eure Arbeitsbereiche vor Arbeitsbeginn, unmittelbar nach Verschmutzungen und nach Arbeitsende. Flächen und Geräte, die mit rohem Fleisch in Berührung gekommen sind, müssen desinfiziert werden. Verwendet Desinfektionsmittel, die laut DGMH-Liste zugelassen sind. Ihr müsst täglich frische Wischtücher und Trockentücher benutzen. Danach sind sie bei mindestens 60° C in der Waschmaschine zu waschen. Täglich müsst ihr den Fußboden reinigen sowie den Mülleimer entleeren und saubermachen. Reinigungs-, Desinfektions- und andere giftige Mittel müssen außerhalb der Küche aufbewahrt werden.

f) In der Küche darf nicht geraucht werden.

Ratschlag für Schülerfirmen

Die Verarbeitung von Eiern und Gehacktem birgt so viele Risiken in sich, dass Schülerfirmen davon abzuraten ist. Solltet ihr darauf nicht verzichten wollen, informiert euch bei dem für euch zuständigen Staatlichen Veterinär- und Lebensmittelüberwachungsamt und befolgt deren Vorschriften sehr genau.

Rechtlicher Hinweis

Im Einzelfall ist zu prüfen, ob die Vorschriften der einschlägigen Hygieneverordnungen anzuwenden und eingehalten sind. Hier kommen insbesondere die EU-Verordnungen des sog. Lebensmittelhygienepaketes (VO (EG) Nr. 852/2004, VO (EG) Nr. 853/2004 und VO (EG) Nr. 854/2004) in Betracht. Daneben kann die Lebensmittelhygieneverordnung (LMHV) und die Tierische Lebensmittelhygieneverordnung (Tier-LHV) zur Anwendung kommen. In Zweifelsfällen solltet ihr euch mit dem für euch zuständigen Veterinär- oder Lebensmittelüberwachungsamt in Verbindung setzen.

Tipps für die Pressearbeit

Ihr macht eine öffentliche Veranstaltung, eröffnet eure Schülerfirma mit einer Feier oder habt einen tollen Preis gewonnen? Dann solltet ihr die Gelegenheit nutzen und z. B. die Zeitung oder den Radiosender bei euch im Ort darüber informieren. Dafür sind Presseeinladungen und Pressemitteilungen sinnvoll. Vielleicht kommt dann eine Reporterin oder ein Reporter bei euch vorbei und berichtet über eure Schülerfirma. So werdet ihr wieder ein bisschen bekannter und gewinnt vielleicht neue Kundinnen und Kunden.

Was ist wann sinnvoll?

Presseeinladung: Eine Presseeinladung verschickt ihr, wenn ihr jemand von der Zeitung oder vom Radio zu einer Veranstaltung einladen möchtet, die ihr geplant habt.

Pressemitteilung: Eine Pressemitteilung könnt ihr dann versenden, wenn eure Schülerfirma etwas Neues oder Interessantes zu berichten hat: z. B. wenn ihr einen Preis bekommen habt, wenn ihr eure Schülerfirma offiziell eröffnet oder wenn ihr ein neues Produkt einführt. Am besten schickt ihr die Pressemitteilung an die Redaktion der Lokalzeitung bei euch im Ort.

Wir haben für euch fünf wichtige Tipps für die Formulierung von Pressemitteilungen. Diese Tipps gelten z. B. auch für News auf euren Webseiten oder auf Facebook:

1. Was ist die Botschaft? Überlegt euch, warum euer Projekt so interessant ist, dass es eine Meldung in der Zeitung, im Radio oder im Fernsehen verdient. Was ist das Besondere daran? Was ist neu? Leitet eure Pressemitteilung mit dieser wichtigsten Botschaft ein, z. B. „Schülerfirma xy startet Zusammenarbeit mit dem Unternehmen yz" oder „Neue Schülerfirma xy an der Schule yz gegründet" oder „Schülerfirma übernimmt Catering bei der Schulveranstaltung der Schule yz am xx.yy.20xx".

2. Sagt es einfach. Formuliert einfache, kurze Sätze. Verschachtelte oder umständliche Sätze erschweren das Lesen.

3. Packt nicht alle Informationen in eine Pressemitteilung, sondern beschränkt euch auf das Wesentliche. Konzentriert euch auf die sechs grundlegenden W-Fragen: WAS? WER? WO? WANN? WIE? WARUM? Eure Mitteilung sollte diese Fragen auf maximal einer DIN A4-Seite beantworten. Hintergrundinformationen, wie z. B. einen Flyer eurer Schülerfirma oder ähnliches, könnt ihr zusätzlich beilegen.

4. Tippfehler müssen nicht sein. Niemand ist perfekt. Ein Tippfehler bedeutet zwar nicht, dass die Welt untergehen wird, verwendet jedoch trotzdem das Rechtschreibprogramm auf eurem Computer, den Duden oder das Internet zur Prüfung. Lasst eure Texte von jemand gegenlesen, z. B. Mitschülern, Eltern, Lehrerinnen oder Lehrern.

5. Habt Geduld. Auch wenn ihr auf Feedback gespannt seid, ruft nicht direkt nach dem Versand eurer Pressemitteilung bei der Zeitung/dem Radio mit der Frage an: „Haben Sie unseren Text bekommen?". Fragt frühestens zwei oder drei Tage später vorsichtig nach, ob euer Projekt auf Interesse stößt. Bietet an, für weitere Fragen zur Verfügung zu stehen.

Kooperationsvereinbarung
mit einem außerschulischen Partner

Zwischen

Unternehmen ....

Geschäftsführer/

Geschäftsführerin ....

Anschrift ....

....

Tel./E-Mail ....

und

Schülerfirma ....

verantwortlicher Träger des Projektes

(Schulförderverein bzw. Schulträger): ....

Schule

Schulleiter/Schulleiterin ....

Anschrift ....

Tel./E-Mail ....

verantwortliche Projektbegleiterin/
verantwortlicher Projektbegleiter ....

wird folgende Vereinbarung getroffen:

1. Ziele der Kooperation

1) ....

2) ....

3) ....

4) ....

5) ....

6) ....

2. Geplante Aktivitäten

1) ....
2) ....
3) ....
4) ....
5) ....
6) ....

3. Projektverantwortliche

Im Unternehmen

Name/Funktion ....

Telefon/E-Mail ....

Günstige Kontaktzeiten ....

In der Schülerfirma

Name/Funktion ....

Telefon/E-Mail ....

Günstige Kontaktzeiten ....

4. Regelmäßige Abstimmung der Projektverantwortlichen

Voraussichtliche Anzahl der Treffen: ....

nach Bedarf/im Abstand von: ....

Treffen werden vorbereitet von: ....

Terminverlegungen werden bis spätestens ...... Tag (e) vorher angekündigt.

5. Zeitraum

Beginn: .... Ende: ....

Diese Vereinbarung kann durch übereinstimmende schriftliche Erklärung aller Kooperationspartner um jeweils ein Schulhalbjahr/Schuljahr/Jahr verlängert werden.

6. Teilhabe des Unternehmens an den Aktivitäten der Schülerfirma

Die Schülerfirma berichtet in Form eines Jahresberichtes über ihre Arbeit.
Die Schülerfirma lädt das Unternehmen zu ihrer Jahres-Versammlung ein.
Sonstiges: ....

fachnetzwerk schülerfirmen
deutsche kinder- und jugendstiftung

7. **Zusätzliches**
   Außerdem wird vereinbart, dass

   1) ....

   2) ....

   3) ....

   4) ....

   5) ....

....

Ort, Datum   Stempel und Unterschrift Unternehmen

....

Ort, Datum   Stempel und Unterschrift Schülerfirma

....

                                              Unterschrift päd. Projektbegleiterin/-begleiter

....

                                              Unterschrift Schulleitung

Kassenbuch der Schülerfirma:

Seite:					
Beleg-Nr.	**Datum**	**Buchungstext**	**Einnahme**	**Ausgabe**	**Kassenbestand**
		Übertrag letzte Seite			
		Summe Einnahmen			
		Summe Ausgaben			
		Saldo (Summe Einnahmen – Summe Ausgaben)			
		Übertrag auf nächste Seite			

Links

www.fachnetzwerk.net

Die Website des *Fachnetzwerks Schülerfirmen* der DKJS ist eine Anlaufstelle für euch als Schülerinnen und Schüler, aber auch für eure Lehrkräfte und für kooperierende Unternehmen. Hier findet ihr News, Terminankündigungen, Porträts von Schülerfirmen, Informationen zu Wettbewerben und Materialien zum Download sowie die aktuellen Kontakte der regionalen Schülerfirmenberatungsstellen des Fachnetzwerks. Außerdem findet ihr hier unsere Broschüren „Nachhaltig wirtschaften? Schülerfirmen wissen, wie", „Neue Lernwege durch Schülerunternehmen" und diese „Firmensitz 9b" zum Download. Schaut doch mal rein!

Gerne könnt ihr auch die Webseiten unserer Regionalstellen besuchen (siehe Kontakt und Adressen). Wir haben hier einige für euch ausgewählt, auf denen ihr zusätzliche Materialien, Geschichten rund um die Schülerfirmenarbeit und viele Beispiele aus den jeweiligen Regionen findet:

www.gruenderkids.de (Sachsen-Anhalt)

www.servicestelle-schuelerfirmen.de (Brandenburg)

www.berlinerschuelerunternehmen.de (Berlin)

Wenn ihr Lust habt, mehr zu erfahren, zusätzliche Materialien oder Anregungen wünscht, findet ihr hier eine Sammlung von weiteren Internetadressen. Leider können wir für die Aktualität der genannten Webseiten nicht garantieren, da sie zum Teil abhängig sind von der Förderdauer der dahinterstehenden Projekte.

www.achieversinternational.org
Achievers International ist ein Online-Unternehmensprojekt für Schülerinnen und Schüler. Es unterstützt Schülerfirmen, die Waren

importieren und exportieren, in Zusammenarbeit mit Partnerschulen im Ausland. Das Projekt möchte dadurch das Verständnis für internationales Handeln fördern.

www.genoatschool.de
Die Homepage bietet Informationen und Material zum Thema „Schülerunternehmen in genossenschaftlicher Organisationsform".

www.schuelerfirmen-mv.de
Ein Internetportal des Landes Mecklenburg-Vorpommern für Schülerfirmen. Hier findet ihr wertwolle Tipps und könnt Kontakt mit anderen Projekten aufnehmen.

www.unternehmergeist-macht-schule.de
Die Initiative „Unternehmergeist in die Schule" des Bundesministeriums für Wirtschaft und Energie setzt sich dafür ein, Jugendliche anzuregen, Selbständigkeit als berufliche Alternative wahrzunehmen. Ihre Internetseite bündelt viele Informationen und Praxisbeispiele zu ökonomischer Bildung, insbesondere für Lehrkräfte. Sie hat aber auch einen eigenen Bereich für Schülerinnen und Schüler. Das *Fachnetzwerk Schülerfirmen* der DKJS ist Mitglied der Initiative.

www.verbindungbefluegelt.de
Diese Homepage gibt sowohl Schülerfirmen als auch Partnern aus der Wirtschaft die Möglichkeit Kooperationsgesuche zu veröffentlichen bzw. sich für gemeinsame Projekte zu verabreden. Ein umfangreicher Materialteil gibt vor allem Schülerfirmen Hilfen zur selbstständigen Umsetzung von Kooperationsprojekten. Die Homepage ist ein Projekt der Brandenburger Servicestelle-Schülerfirmen bei kobra.net.

Hinweis:
Auf die Inhalte der genannten Webseiten Dritter haben wir keinen Einfluss und können aus diesem Grund keine Gewähr übernehmen. Für die Inhalte und Richtigkeit der Informationen ist der jeweilige Informationsanbieter der verlinkten Webseite verantwortlich. Als die Verlinkung vorgenommen wurde, waren für uns keine Rechtsverstöße erkennbar.

Adressen

Programmleitung *Fachnetzwerk Schülerfirmen* der
Deutschen Kinder- und Jugendstiftung
DKJS gemeinnützige GmbH
Tempelhofer Ufer 11
10963 Berlin
Tel. +49 (0)30 25 76 76 59
Fax +49 (0)30 25 76 76 10
info@fachnetzwerk.de
www.fachnetzwerk.net

Das *Fachnetzwerk Schülerfirmen* ist durch regionale Schüler-
firmenberatungsstellen vertreten in Berlin, Brandenburg,
Mecklenburg-Vorpommern, Sachsen, Sachsen-Anhalt und
Thüringen.

BERLIN
Berliner Schüler Unternehmen
DKJS Regionalstelle Berlin
Tempelhofer Ufer 11
10963 Berlin
Tel. +49 (0)30 25 76 76 801
schuelerfirmen@dkjs.de
www.berlinerschuelerunternehmen.de

BRANDENBURG
Servicestelle Schülerfirmen/kobra.net
Benzstraße 8/9
14482 Potsdam
Tel. +49 (0)331 704 35 52
info@servicestelle-schuelerfirmen.de
www.kobranet.de

MECKLENBURG-VORPOMMERN
Serviceagentur Schülerunternehmen
der RAA Mecklenburg-Vorpommern
Am Melzer See 1
17192 Waren/Müritz
Tel. +49 (0)3991 66 96 23
schuelerunternehmen@raa-mv.de
www.raa-mv.de

SACHSEN
Koordinierungsstelle Schülerfirmen Sachsen
DKJS Regionalstelle Sachsen
Bautzner Straße 22 HH
01099 Dresden
Tel. +49 (0)351 320 156 45
Fax +49 (0)351 320 156 99
schuelerfirmen-sachsen@dkjs.de

SACHSEN-ANHALT
GRÜNDERKIDS – Schülerfirmen in Sachsen-Anhalt
DKJS Regionalstelle Sachsen-Anhalt
Edithawinkel 2
39108 Magdeburg
Tel. +49 (0)391 56 28 77 14
info@gruenderkids.de
www.gruenderkids.de

THÜRINGEN
Koordinierungsstelle für Schülerfirmen in Thüringen
Deutsche Kinder- und Jugendstiftung
Regionalstelle Thüringen
Lutherstr. 114
07743 Jena
Tel. +49 (0)3641 77362 40
schuelerfirmen-thueringen@dkjs.de
www.wegefinden.net/thueringen

Koordination. Qualifizierung. Begleitung

Das Fachnetzwerk Schülerfirmen der Deutschen Kinder- und Jugendstiftung

Seit 20 Jahren fördert und koordiniert die Deutsche Kinder- und Jugendstiftung (DKJS) gemeinsam mit der Heinz Nixdorf Stiftung die Gründung und Arbeit von Schülerfirmen in den sechs Bundesländern Berlin, Brandenburg, Mecklenburg-Vorpommern, Sachsen, Sachsen-Anhalt und Thüringen.

Derzeit umfasst das *Fachnetzwerk Schülerfirmen* der Deutschen Kinder- und Jugendstiftung (DKJS) mehr als 500 Schülerfirmen, in denen sich mehr als 5.000 Schülerinnen und Schüler engagieren.

Das Fachnetzwerk

- koordiniert die regionalen Schülerfirmenberatenden der DKJS bzw. ihrer regionalen Partner,

- erarbeitet Arbeitsmaterialen für Schülerfirmen, insbesondere zu den Themen Gründung und Nachhaltigkeit,

- entwickelt Qualitätsziele für Schülerfirmen,

- zertifiziert die Schülerfirmen,

- kooperiert mit Unternehmen sowie Partnern und Akteuren in Kommunen und Landesministerien, um die Methode „Schülerfirma" langfristig an Schulen zu verankern und zu fördern,

- organisiert eigene Veranstaltungen wie Vernetzungstreffen, Weiterbildungen für Lehrkräfte, Schülerfirmenmessen und Fachtagungen,

- ist Gründungsmitglied der Initiative „Unternehmergeist in die Schulen" des Bundesministeriums für Wirtschaft und Energie.